Hunde —— beschäftigen

mit Martin Rütter

Spiele für jedes
Mensch-Hund-Team

KOSMOS

Hunde — beschäftigen

mit Martin Rütter

Inhalt

Beschäftigung für jeden Hund

Den Großteil eines Tages verschlafen Hunde, zirka 20 Stunden täglich sind sie mit Ausruhen, Dösen oder Schlafen beschäftigt.

Beschäftigung macht Sinn

Bei der Beschäftigung von Hunden geht es nicht nur darum, die „aktive" Zeit zu füllen. Durch eine sinnvolle Arbeit vertreibt man nicht nur die Langeweile des Hundes, sie erfüllt viele weitere Aufgaben. So kann durch gezielte körperliche Beschäftigungsformen die Motorik eines Hundes geschult werden. Hunde können lernen, kreativ zu sein, durch erfolgreich absolvierte Aufgaben über sich hinauswachsen und damit selbstbewusster durchs Leben gehen. Gemeinsam Aufgaben lösen fördert die Beziehung zwischen Mensch und Hund, hilft bei der Erziehung des Hundes und macht dazu einfach auch viel Spaß.

Hunde brauchen „Aufgaben"

Heutzutage werden die wenigsten Hunde in die Familie aufgenommen, um einen Job, also eine bestimmte Aufgabe im Zusammenleben mit dem Menschen, zu übernehmen. Früher dagegen war dies der hauptsächliche Grund für die Haltung eines Hundes. Der sogenannte Schoßhund, der lediglich als Gesellschaftshund für den Menschen fungierte, war den wenigen Reichen und Adligen vorbehalten.

Die Aufgabenbereiche von Hunden in vergangenen Zeiten waren vielfältig. Da gab es den Jagdhund, der seinen Menschen bei der Jagd unterstützte, Wild aufspürte und nach dem Schuss zurückbrachte. Der Hütehund war für den Trieb der Herden zuständig, der Herdenschutzhund bewachte die Herden vor angreifenden Raubtieren. Haus- und Hofhunde alarmierten die Menschen, wenn Fremde den Hof betraten. Zudem wurden sie oft als Zugtiere einge-

Apportieren macht nicht nur Jagdhunden wie dem Magyar Vizsla-Rüden Jiggar Spaß.

setzt. Sie wurden vor einen Karren gespannt, um z. B. Lebensmittel auf den örtlichen Markt zu bringen. Der Arbeitsalltag der Hunde war dabei in der Regel tagfüllend und sehr anstrengend.

Doch wie sieht es heute aus?

Natürlich gibt es immer noch Hunde, die in den ursprünglichen Einsatzbereichen als Jagd-, Hüte- oder Wachhund arbeiten dürfen. Ich schreibe hier bewusst „dürfen", denn für diese Hunderassen gehört ein arbeitsintensiver Tag mit vielen Aufgaben zu einem erfüllten und glücklichen Leben dazu.

Die Anzahl dieser Hunde ist jedoch im Vergleich zu Hunden, die rein zum privaten Vergnügen, als Begleiter im Alltag, in die Familie aufgenommen werden, verschwindend gering. Da viele Menschen heutzutage einen aktiven Hund haben möchten, mit dem sie Sport machen können und der Spaß an gemeinsamer Beschäftigung hat, werden immer mehr aktive, quirlige Hunde wie der Jack Russell Terrier, der aus dem Fernsehen bekannte Dalmatiner oder die vor Jahren noch unbekannte Jagdhunderasse Magyar Vizsla gehalten. Auch Hunde aus Arbeitslinien werden immer beliebter. Alle diese Rassen haben jedoch eines gemeinsam: Die ursprünglich durch gezielte Zucht geschaffenen Anlagen und Verhaltensweisen sind in diesen Hunden noch immer vorhanden. Je nach Rasse und Zuchtrichtung beim einen Hund mehr, beim anderen weniger. Gerade wenn man sich dabei die hochspezialisierten Rassen Deutsch Kurzhaar oder Border Collie anschaut, wird schnell klar,

Labrador Retriever-Hündin Lilyen beim jagdlichen Einsatz: Souverän holt sie die vom Jäger geschossene Ente aus dem Wasser.

dass diese Hunde nicht damit zufrieden sind, den Tag gemütlich auf der Couch zu verbringen und am Nachmittag eine kleine Runde um den Häuserblock zu spazieren.

Daher ist es wichtig, sich bereits vor der Anschaffung eines Hundes Gedanken über die jeweiligen Bedürfnisse des zukünftigen Familienmitgliedes zu machen. Wie viel und welche Art Beschäftigung braucht der ausgewählte Hund? Passt sein Charakter, sein Wesen überhaupt zu den Bedürfnissen der Familie? Allerdings bedeutet das nicht, dass jede Familie, die sich für einen Border Collie entscheidet, diesem nur dann ein erfülltes und glückliches Leben bieten kann, wenn eine eigene kleine Schafherde gehalten wird. Es gibt viele unterschiedliche alternative Beschäftigungsformen, mit denen man Hunde – je nach ihrem ursprünglichen Verwendungszweck und ihrer Veranlagung – beschäftigen kann. Deshalb ist es wichtig, dass du den Charakter und die Vorlieben deines eigenen bzw. zukünftigen Hundes gut kennen lernst, damit du ihm genügend geistige als auch körperliche Beschäftigung und Auslastung bieten kannst.

Das heißt jedoch nicht, dass du dir bei der Haltung eines sogenannten Gesellschaftshundes keine Gedanken zum Thema Beschäftigung machen musst. Auch der Gesellschaftshund, der ursprünglich keine spezifische Aufgabe hatte, möchte körperlich und geistig aktiv sein. Denn nichts ist für einen Hund schlimmer, als sich den ganzen Tag zu langweilen. Wer nichts zu tun hat, wird kreativ … Diese Kreativität zeigt sich dann häufig in für uns unerwünschten Verhaltensweisen wie z. B. der Zerstörung von Möbeln, dem Zerkratzen von Türen oder dem Jagen von Autos, Joggern oder Fahrradfahrern. Verhindere also, dass dein Hund sein Bedürfnis nach Beschäftigung selbstständig umsetzt und auslebt, indem du ihm von Anfang an Aufgaben stellst und etwas zu tun gibst. Du wirst schnell feststellen, wie viel Freude das nicht nur deinem Hund macht. Schon viele haben durch ihren Hund ihr Hobby gefunden, sei es beim Trickdogging, Dummy, Mantrailing oder Zughundesport.

Dalmatiner brauchen als ursprüngliche Kutschenbegleithunde ausreichend körperliche Auslastung.

Beschäftigung fördert die Beziehung

Wer seinen Hund beschäftigt, mit ihm trainiert, gemeinsam mit ihm Aufgaben löst, der stärkt die gemeinsame Bindung und fördert die Orientierung des Hundes an seinem Menschen. Gehst du mit deinem Hund einer Aufgabe nach, die euch beiden Spaß macht, werden sogenannte „Glückshormone“ freigesetzt. So wird dein Hund, wenn er gern mit seiner Nase Gerüche erschnüffelt, allein schon durch das Verfolgen einer Spur im Anschluss daran zufrieden und glücklich sein. Hast du deinen Hund auf diese Spur aufmerksam gemacht, die du selbst – oder ein Bekannter – z. B. kurz zuvor als Fährte gelegt hast, und begleitest deinen Hund nun bei der Ausarbeitung der Spur, hilfst ihm bei Problemen, lässt dich von ihm bis zum Ende der Spur führen, verbindet der Hund diese Glücksgefühle auch mit dir. Erwartet deinen Hund am Ende der Spur noch eine Belohnung in Form eines Leckerbissens, aber vor allem auch freudiges Lob und Streicheln, werden erneut Hormone freigesetzt. In diesem Fall das Hormon Oxytocin, das sogenannte Kuschel- oder Bindungshormon. Bei jedem körperlichen Spiel,

Der 3-jährige Mischlingsrüde Michel zeigt große Unsicherheit bei der Begegnung mit fremden Menschen.

Begibt sich der Unbekannte in die Hocke, traut sich Michel vorsichtig Kontakt aufzunehmen.

beim Streicheln, ja sogar bereits beim freundlichen Blickkontakt mit dem eigenen Hund wird dieses Hormon freigesetzt. Es fördert die Bindung, intensiviert das Sozialverhalten und vermindert Ängste und Stress.

Bindung zwischen Hund und Mensch

Was aber macht eine gute Bindung, eine gute Beziehung zwischen Hund und Mensch aus? Um diese Frage zu beantworten, muss man sich zunächst einmal Gedanken darüber machen, was Hunde neben ausreichend Futter, Wasser und medizinischer Versorgung brauchen.

Hunde sind gesellig, sie fühlen sich nur in der Gemeinschaft bzw. im Familienverband wohl. Die wenigsten Hunde streben dabei nach der Weltherrschaft, vielmehr suchen sie Sicherheit. Gibt es jemanden, der die Gruppe bzw. die Familie souverän leitet, werden sich die meisten Hunde diesem Hund oder Menschen gern und von sich aus anschließen. Hunde sollten ihren Menschen daher als Leitfigur erleben, also als Person, die den Hund sicher durchs Leben führt, ihm Schutz bietet, ihn in schwierigen Situationen sicher und souverän begleitet. Welche Situation vom Hund als schwierig empfunden wird, hängt vom Charakter als auch von den bisherigen Erfahrungen des Hundes ab. Ein schlecht sozialisierter Straßenhund empfindet z. B. den freundlich interessierten Menschen, der sich zur Begrüßung über ihn beugt, als unangenehm und bedrohlich. In dieser Situation muss man als Hundehalter eingreifen, seinen Hund beschützen und ihm helfen, indem man den Menschen bittet, sich zur Begrüßung in die Hocke zu begeben.

Eigene Erfahrungen sammeln

Dennoch bedeutet das nicht, dass jedes einzelne Gruppenmitglied nicht auch seinen eigenen Bedürfnissen nachgehen darf. Hunde brauchen daher auch die Möglichkeit, eigene Erfahrungen zu sammeln. Wer eine Hürde aus eigener Kraft meistert, sich bei einer schwierigen Aufgabe selbst überwindet, kann daran wachsen und selbstbewusst werden. Daher sollte man Hunde nicht immer nur führen und ihnen nicht immer jeden Stress abnehmen. Stress gehört zum Leben dazu und kann in einem gewissen Maß auch förderlich sein. Wie immer kommt es dabei darauf an, das richtige Gleichgewicht zwischen Führung und eigene Erfahrungen sammeln zu finden. Dabei spielt natürlich der Charakter des Hundes eine Rolle. Ein eher selbstbewusster und durch nichts zu erschütternder Welpe sollte von klein auf erleben, dass der Mensch ein Partner ist, auf den man sich gerade in stressigen Situationen verlassen kann. Ein eher unsicherer Welpe darf dagegen gern immer wieder einmal erfahren, dass es sich lohnt, aus sich herauszugehen, sich etwas zu trauen. Diese Erfahrungen können dabei zum einen im Alltag stattfinden, sie können aber auch gezielt durch unterschiedliche Beschäftigungsformen gefördert werden. So lernt der unsichere Welpe z. B. bei der Suche, dass er mit seiner Nase ganz allein Dinge finden kann. Der selbstsichere Hund wird dagegen eher mit gezielten Anweisungen seitens des Menschen an einen Ort geschickt und findet dort dann die begehrte Beute.

Wichtig

Orientierung

Ob Führung übernehmen oder Erfahrung sammeln lassen, Grundlage ist immer das Vertrauen des Hundes in den Menschen. Dieser muss ein zuverlässiger Partner für den Hund sein, der ihn unterstützt, ihm aber auch Freiheit gewährt.

Hunde mit einer guten Bindung an bzw. Beziehung zu ihrem Menschen orientieren sich daher oft an diesem. Sie beobachten ihn genau, haben ihn immer im Blick und halten sich einfach oft und gern in seiner Nähe auf. Natürlich bedeutet das nicht, dass sie ihn auf Schritt und Tritt verfolgen. Ist der Mensch entspannt und ist gerade keine Aktivität angesagt, entfernt sich auch ein Hund mit guter Bindung durchaus ein ganzes Stück weit von seinem Menschen und geht auch eigenen Interessen nach. Ist der Mensch aber unruhig und nervös oder gibt es ein Beschäftigungsangebot des Menschen an den Hund, sucht dieser sofort seine Nähe und nimmt Kontakt zu seinem Menschen auf.

Körperliche Auslastung

Hunde brauchen Bewegung! Auch wenn Hunde den Großteil des Tages verschlafen, brauchen sie dennoch ausreichend Bewegung, um gesund und glücklich zu sein. Leider ist die Zeit für den Vierbeiner heutzutage oft knapp bemessen. Durch Job, Familie, Haus und Garten stehen so viele Verpflichtungen an, dass der Hund dabei manchmal einfach zu kurz kommt. Oftmals wird dann das schlechte Gewissen durch eine Extraportion Futter oder eine besondere Leckerei wie z. B. ein getrocknetes Schweineohr beruhigt. Der Teufelskreis beginnt …

Denn genauso wie beim Menschen führt wenig Bewegung sowie zu viel und kalorienreiches Futter

Die Suche nach Futter ist für den Labrador-Welpen Leroy genau die richtige Beschäftigung.

Ein nicht ausgelasteter Hund wird oft kreativ.

schnell zu Übergewicht. Die Anzahl der adipösen Hunde steigt auch hier in Deutschland immer mehr an. Da hilft nur eines: raus in die Natur! Die einfachste Form der körperlichen Auslastung ist dabei natürlich der Spaziergang. Allerdings wird selbst ein einstündiger Spaziergang einen erwachsenen, gesunden, sportlichen Hund kaum ermüden. Anstrengender wird es da schon, wenn der Hund den Menschen beim Joggen oder Radfahren begleiten soll. Jedoch handelt es sich dabei um ein reines Ausdauertraining. Viel besser sind daher Beschäftigungsformen, bei denen der Hund viele verschiedene Muskelgruppen benutzen muss.

Beispiel Agility

Beim Agility z. B. muss der Hund einen Parcours aus verschiedenen Hindernissen absolvieren. Er muss springen, kriechen, klettern, sich durch einen Slalom winden, wodurch die unterschiedlichsten Muskelgruppen trainiert werden. Zudem muss er dabei auch noch auf seinen Menschen achten, da dieser ihm den Weg vorgibt, ihm die Richtung zeigt. Wendungen und Drehungen gehören somit genauso dazu wie kurze Sprints. Mit solch vielseitigen Beschäftigungsformen förderst du daher die Motorik deines Hundes. Aber auch junge Hunde können durch gezieltes und für ihr Alter angepasstes Gerätetraining Bewegungsabläufe lernen. Beim alten Hund sollte, angepasst an die gegebenenfalls bereits eingeschränkten Möglichkeiten, auf eine ausreichende Beanspruchung der Muskeln Wert gelegt werden. Denn so bewahrt der Hund seine Fitness bis ins hohe Alter hinein.

Geistige Auslastung

Viele Menschen sind davon überzeugt, ihrem Hund alles zu bieten. Jeden Tag ausreichend Futter, morgens ein einstündiger Spaziergang, abends eine kleine Radtour und zum Abschluss des Tages noch eine kleine Kuschelrunde auf dem Sofa. Ist dies nicht das, was ein Hund zum Leben braucht? Der Alltag zeigt oft ein ganz anderes Bild. Der Hund macht sich auf dem Spaziergang selbstständig, geht jagen, verbellt Radfahrer oder vergnügt sich mit Artgenossen, ohne auch nur einen Blick für seinen Menschen übrig zu haben. Vielleicht bleibt der Vierbeiner aber auch brav beim Menschen, schnüffelt nur ab und an gelangweilt an einem Grashalm? Dann zeigt sich oftmals später, dass nur Spazierengehen und körperliche Auslastung nicht ausreichend sind. Muss der Hund z. B. nach dem morgendlichen Spaziergang allein bleiben, da seine Menschen zur Arbeit gehen, findet der kreative Vierbeiner oft unendlich viele Beschäftigungsmöglichkeiten: Die Tapete wird angenagt, die Hausschuhe von Herrchen ins Körbchen verschleppt und in kleinste Einzelteile zerlegt. Die Blumen werden aus ihren Töpfen befreit und neu in der Wohnung arrangiert. Die Freude von Frauchen beim Nachhausekommen

Das Durcheinander in der Wohnung erfreut den nach Hause kommenden Menschen meist nicht.

ist riesig ... „Wofür waren wir denn gerade eine Stunde lang draußen?“ Hier zeigt sich deutlich: Hunde brauchen nicht nur körperliche, sondern auch geistige Auslastung. Sie müssen sich geistig anstrengen, müssen nachdenken, überlegen. Beschäftigungsformen für Hunde sollten daher nicht immer nur rein auf die körperliche Auslastung des Hundes ausgelegt sein, sondern den Hund auch geistig anregen und fordern.

Ein Hund, der, um an ein begehrtes Leckerli zu kommen, erst nachdenken und verschiedene Lösungswege ausprobieren muss, lernt kreativ zu sein, sich geistig anzustrengen. Dabei können schon 20 Minuten geistig beanspruchende Beschäftigung den Hund mehr ermüden und dazu führen, dass er die nächsten 3–4 Stunden ruhig und entspannt in seinem Körbchen bleibt, als ein zweistündiger Spaziergang.

Vorsicht vor zu viel Kreativität

Zu viel Kreativität bringt auch Gefahren mit sich. Ein Hund, der Lösungswege findet, wenn er knifflige Aufgaben gestellt bekommt, setzt dieses Können durchaus auch in vom Menschen nicht geplanten Situationen ein. Hat er z. B. bei sogenannten Intelligenzspielen gelernt, einen Deckel hochzuheben, eine Schublade aufzuziehen oder einen Riegel zur Seite zu schieben, wird er diese Fähigkeiten vielleicht auch anwenden, wenn er im Vorratsschrank einen gut riechenden Leckerbissen ortet. Gerade bei intelligenten Hunden, die schnell und einfach Dinge lernen und auf andere Gegebenheiten übertragen, solltest du daher genau überlegen, welche Beschäftigungen bzw. Tricks du mit deinem Hund einübst – nicht, dass du dich nachher wunderst, wo dein Hund diese Tricks überall einsetzt.

Was Hunde wirklich brauchen

Beschäftigung von Hunden ist wichtig und notwendig, aber was genau zählt eigentlich alles dazu? Darf man das Training mit dem Hund, also die „Erziehung", auch zur Beschäftigung dazurechnen? Wie sieht es mit dem Spaziergang aus, oder zählt der nur, wenn der Hund andere Hundefreunde treffen und so richtig ausgiebig mit ihnen toben konnte? Oder kann lediglich das Spiel zwischen Mensch und Hund als richtige Beschäftigungsform angesehen werden? Was ist dann aber mit der Kuschelrunde abends auf dem Sofa?

Schäferhündin Gaia begleitet Alex auch ins Büro. Dort liegt sie brav und wartet entspannt.

Spaziergänge, Spiel, Kuscheln

Erst einmal können alle durch Beruf und Familie eingespannten Menschen aufatmen. Ein Hund muss nicht 8 Stunden täglich mit speziellen Trainings- und Beschäftigungsformen ausgelastet werden. Dennoch, wer lediglich eine Stunde Zeit am Tag für einen Hund aufbringen kann, sollte von der Hundehaltung besser Abstand nehmen. Hunde verbringen den Großteil eines Tages mit Ausruhen und Schlafen. Allerdings verbringen sie auch diese Zeit am liebsten gemeinsam mit ihrer Familie oder zumindest mit einem Familienmitglied. Wer einen Hund daher mehr als 6 Stunden täglich allein lassen muss, sollte mit der Haltung besser noch warten, bis sich die Lebenssituation ändert.

Und ja, auch das gemeinsame Kuscheln mit dem Hund darf in die Zeiten der Beschäftigung mit eingerechnet werden. Denn alle Zeit, die wir gemeinsam und aktiv mit unserem Hund verbringen, darf auf das Beschäftigungskonto angerechnet werden. Wichtig ist dabei nur, dass alle Bestandteile einigermaßen ausgeglichen vorkommen. Spaziergang, Spiel und Training, körperliche und geistige Auslastung, aber auch körperlicher Kontakt und soziale Pflege sind Bestandteil einer artgerechten Hundehaltung.

Entspannung als Beschäftigung

Wunderst du dich vielleicht gerade? Kuscheln soll Beschäftigung sein? Dabei sind doch weder ich noch mein Hund besonders aktiv, wie soll gemeinsame Entspannung meinen Hund auslasten, ihn

Für Milka und Nicole ist die tägliche gemeinsame Schmusestunde immer etwas ganz Besonderes. Beide genießen diese Zeit zu zweit.

zufriedenstellen? Am besten schauen wir uns einmal den Tagesablauf eines Wildhunderudels an. Hier stellen wir schnell fest, dass nicht nur Schlafen, Nahrungsbeschaffung – also Jagdausflüge – sowie Sicherung des Territoriums auf dem Tagesplan stehen, sondern auch viel Zeit für partnerschaftliche Pflegemaßnahmen aufgewendet wird. Da werden genüsslich die Ohren ausgeschleckt, die Augen sauber geleckt, es wird im Fell gebohrt und geknabbert, wobei der „Umsorgte" ganz stillhält und genießt, bevor er dann seinerseits anfängt, den anderen zu umsorgen. Oftmals endet eine solche Aktivität mit einem entspannten, gemeinsamen Kontaktliegen, man sucht die Nähe des Partners, kuschelt sich an ihn, stärkt so die Bindung und das Zusammengehörigkeitsgefühl. Warum sollten wir also diesen Aktivitätsbereich nicht auch nutzen? Angefangen vom einfachen Streicheln und Kraulen des Hundes, über Bürsten des Fells oder sogar kleinere Massageeinheiten kann auch über solche Pflegemaßnahmen die Bindung gestärkt werden. Wie bereits beschrieben, wird insbesondere bei körperlichem Kontakt das Hormon Oxytocin freigesetzt, das dazu führt, dass die Bindung der beiden Partner intensiver und der Sozialkontakt gestärkt wird. Und mal ganz ehrlich – was gibt es Schöneres, als am Abend mit seinem Hund zu kuscheln, ihn zu streicheln und gemeinsam mit ihm zu entspannen?

Daher darf beim Thema Beschäftigung und Aktivität mit dem Hund der Gegenpol, das Training von Ruhe und Entspannung, in keinem Fall fehlen. Viele Hunde sind heutzutage sehr aufgedreht, finden kaum Ruhe, können nicht entspannen. Und das nicht nur beim Training, sondern auch im Alltag. Achte daher darauf, nicht nur die Trainings- und aktiven Beschäftigungszeiten deines Hundes zu planen und zu gestalten, sondern denke auch an Ruhephasen. Genieße die gemeinsame Ruhezeit mit deinem Hund. Du wirst sehen, die Entspannung deines Hundes fließt auch immer mehr in den Alltag mit ein.

Tagesablauf eines zufriedenen Hundes

Spaziergang, Spiel und Training sowie Ruhepausen, der Tagesablauf eines Hundes sollte alle Bestandteile – angepasst an die individuellen Bedürfnisse des Hundes – beinhalten.

1 Am Morgen ein entspannter Spaziergang, auf dem dein Hund sich zunächst einmal lösen kann, um dann die Neuigkeiten des Tages zu erschnüffeln. Zwischendurch kannst du kleinere Spiel- und Trainingseinheiten einfügen.

2 Nach einer Stunde Bewegung mit ca. 20 Minuten Beschäftigung gibt es zu Hause noch ein kleines Frühstück, danach ist erst einmal Ruhe angesagt.

3 Die Mittagspause darf gern aktiv genutzt werden. Vielleicht kann dein Vierbeiner im Haushalt helfen, oder aber Haus und Garten werden für eine kurze 20-minütige Spieleinheit genutzt. Alternativ kann dein Hund ab und an auch einmal sein Kaubedürfnis stillen und einen harten Kauknochen zerkleinern oder aber ein mit Futter gefülltes Spielzeug leeren. Dies reicht dann in der Regel aus, damit dein Hund den Rest des Tages ruhig und entspannt verbringt.

4 Am frühen Abend geht es dann noch einmal für mindestens eine Stunde nach draußen, hier darf das Angebot gern täglich gewechselt werden. Vom Spaziergang mit Beschäftigungseinheit über Begleitung beim Joggen oder Radfahren oder aber den Besuch eines Trainings in der Hundeschule gibt es viele verschiedene Möglichkeiten. Im Anschluss daran gibt es dann die Hauptration Futter, gefolgt von einer entspannten Kuschelrunde. Gerade bei langhaarigen Hunden kannst du diese Zeit zudem hervorragend zur Fellpflege nutzen.

5 Hält man sich an diese minimalen Vorgaben, wird schnell klar, dass die Versorgung und artgerechte Haltung eines Hundes täglich mindestens 3 Stunden Zeit beansprucht! Natürlich sind dies nur ungefähre Zeitangaben, und so wird es sicherlich in jeder Familie immer wieder einmal einen Tag geben, an dem der Hund zu kurz kommt. Dafür steht dann aber am nächsten Tag vielleicht wieder der Hund im Mittelpunkt, darf die Familie auf einem Tagesausflug begleiten und den ganzen Tag aktiv dabei sein.

Labrador-Rüde Bali möchte gern mit der Golden-Hündin Alma spielen.

Alma findet die Kontaktaufnahme von Bali aufdringlich und zeigt den Stress deutlich durch ihre Mimik.

Toben mit Hundekumpels

Ein Punkt, der in unserem Zeitplan gar nicht auftaucht, ist das Spiel mit Artgenossen, das Toben mit anderen Hunden. Das bedeutet aber nicht, dass dieser Punkt für Hunde nicht wichtig wäre. Eher das Gegenteil ist der Fall. Hunde brauchen Kontakt zu Artgenossen, und zwar aus vielen verschiedenen Gründen. Zum einen können sie nur durch regelmäßigen Kontakt lernen, mit anderen Hunden zu kommunizieren und stressfrei umzugehen. Nur wer vielfältige Erfahrungen mit Artgenossen macht, kann diese sicher einschätzen, weiß, welche Verhaltensweisen in unterschiedlichen Situationen angebracht sind. Zum anderen können wir Hunden zwar ein Partner sein und versuchen, sie so artgerecht wie möglich zu halten, den hündischen Kontakt können wir ihnen jedoch nicht ersetzen. Oder hast du schon einmal versucht, deinem Hund das Ohr auszuschlecken? Sicherlich nicht … Auch in Bezug auf Geschwindigkeit und Rennspiele sind wir meist kein passender Spielpartner. Daher solltest du deinem Hund in jedem Fall regelmäßigen Hundekontakt ermöglichen, vor allem dann, wenn dein Hund als Einzelhund bei dir lebt. Damit sollte der Besuch einer Hundewiese mit Freilauf vieler verschiedener Artgenossen also durchaus als adäquate Beschäftigungsform gewertet werden können.

Und in der Tat berichten viele Hundehalter, dass der Hund nach dem Besuch der Hundewiese und dem Spiel mit anderen Hunden zu Hause erschöpft in sein Körbchen fällt. Allerdings handelt es sich hier in vielen Fällen wirklich wortwörtlich um Erschöpfung, was eigentlich nicht Ziel einer sinnvollen Beschäftigung sein sollte. Der Hund soll zufrieden und ausgelastet sein, jedoch nicht durch Überforderung erschöpft. Denn leider passiert genau das sehr häufig beim Besuch einer Hundewiese. Der Hund trifft viele ihm fremde Hunde, er muss diese einschätzen, muss herausfinden, wie man zueinander steht, wie man miteinander umgeht. Ein entspanntes Spiel ist dabei meist nicht möglich. Dieses kann immer nur dann stattfinden, wenn keine Antriebe aus anderen Funktionskreisen vorhanden sind, wie z. B. die Einschätzung, ob ein fremder Artgenosse Freund oder Feind ist. Echtes Spiel findet daher nur statt, wenn beide Spielpartner entspannt miteinander umgehen, miteinander vertraut sind, sich kennen und einschätzen können. Denn nur so kann man sich sicher sein, dass keiner übertreibt oder eine im Spiel sichtbar werdende Schwäche ausnutzt, aus dem Spiel also niemals Ernst wird. Daher wechseln bei echtem Spiel immer auch die Rollen der Spielpartner. Mal ist der eine obenauf, mal der andere. Mal wird der eine gejagt, mal spielt der andere das „Opfer“. Deutlich wird dies durch übertriebene Gestik gemacht, so ist für jeden Partner klar: Hier wird gespielt! Achte daher beim Besuch der Hundewiese genau darauf, wie der Kontakt deines Hundes mit anderen Hunden verläuft. Bleibt alles entspannt, wechseln die Rollen und es wird nicht immer nur einer der Hunde gejagt, und das womöglich noch von mehreren Hunden gemeinsam, ist alles in Ordnung. Solltest du aber das Gefühl haben, dass die Situation für deinen Hund zu stressig wird, weil er z. B. von den anderen Hunden bedrängt wird, musst du ihm helfen. Bitte die anderen Menschen, ihre Hunde zu sich zu rufen, leine deinen Hund an und setz deinen Spaziergang lieber allein mit ihm fort. Damit zeigst du deinem Hund, dass du solche nicht entspannten Situationen im Blick hast, und dass du eingreifst, wenn er sich nicht wohl fühlt. Er lernt so, dass er sich auf dich verlassen und dir vertrauen kann. Damit stärkst du auch die Bindung zu deinem Hund.

Gerade auf einer Hundewiese lässt sich Hundekontakt also oftmals nicht von vornherein abschätzen. Man kennt die Hunde in der Regel nicht, weiß nicht, wer sich gerade auf der Wiese aufhält. Viele Hundehalter können zudem ihre Hunde nicht abrufen, sodass ein Unterbrechen eines unerwünschten oder eskalierenden Kontaktes oft nicht mehr möglich ist. In der Regel trifft man aber als Hundehalter immer wieder Mensch-Hund-Teams, bei denen man schnell feststellt, dass sich sowohl Hund als auch Mensch von Anfang an sympathisch sind, gut miteinander auskommen und harmonieren. Nutze diese Kontakte für gezielte Treffen. Zwei oder drei Hunde, mit denen dein Hund sich gut versteht und mit denen er sich immer wieder einmal trifft, reichen vollkommen aus, um deinem Hund den notwendigen Sozialkontakt mit Artgenossen zu verschaffen. Hier kommt es nicht auf Quantität, sondern Qualität der Kontakte an.

Wichtig

Merkmale Spielverhalten

- Kein Ernstbezug
- Keine Endhandlung
- Wiederholungen
- Immer neu kombinierte Handlungen
- Rollenwechsel
- Übertriebenes Ausdrucksverhalten
- Entspannte Lebenssituation

Jiggar (rechts) zeigt ein deutliches Spielgesicht mit weit aufgerissenem Maul. Begeistert geht Anouk auf die Spielaufforderung von Jiggar ein.

Wenn Mensch und Hund einfach nur nebeneinander herlaufen und nichts gemeinsam unternehmen ...

... besteht die Gefahr, dass der Hund andere Hunde viel spannender findet als den eigenen Menschen.

Natürlich muss es nicht zwingend dazu kommen, dass dein Hund sich beim Besuch der Hundewiese unwohl fühlt. Aber wir haben bereits darüber gesprochen, dass durch gezielte Beschäftigung mit deinem Hund die Bindung und Beziehung zwischen euch gestärkt werden kann. Hat sich dein Hund jedoch auf der Hundewiese ausgetobt, wird er in der Regel kaum noch Interesse an gemeinsamen Aktivitäten mit dir haben. Er hat sich bereits körperlich ausgepowert, hatte Spaß mit den Hundekumpels und wurde durch die Interaktion mit den anderen Hunden auch geistig gefordert. Warum sollte er sich jetzt noch mit dir auseinandersetzen? Hunde, die nur noch auf andere Hunde fixiert sind, sind meist schon von weitem erkennbar. Sobald ein Hund am Horizont auftaucht, ziehen sie an der Leine, jammern, bellen und machen nur eines deutlich: „Mach mich von der Leine los, ich möchte zu dem anderen Hund, ich will weg von dir!“ Einmal losgelassen, sind sie weder mit lockenden Rufen, der Verlockung durch spannendes Spielzeug oder besondere Leckerbissen noch durch strenge Worte davon zu überzeugen, zurückzukommen. Erst wenn sie den anderen Hund begrüßt haben, aus ihrer Sicht ausreichend Kontakt aufgenommen und lange genug gespielt haben, lassen sie sich wieder einfangen. Nutze daher Hundekontakt gezielt und immer wieder einmal als Alternative zu eurer gemeinsamen Beschäftigung. Dein Hund sollte aber immer dich und eure gemeinsamen Aktivitäten als das Highlight des Tages empfinden und nicht nur darauf lauern, endlich Artgenossen auf dem Spaziergang zu treffen.

Der volle Stundenplan

Mittlerweile wissen die meisten Hundehalter, dass Hunde beschäftigt werden müssen. Genauso wie es beim Kind bei so manch übereifrigen Eltern zu einem gut gefüllten Wochenplan kommt, besteht die Gefahr inzwischen auch bei einigen Hundehaltern. Beginnt man erst einmal damit, sich mit seinem Hund aktiv zu beschäftigen und merkt, wie viel Spaß das Ganze macht, nehmen die Aktivitäten im Laufe der Zeit immer mehr zu. Da geht es dann am Montag zum Agilitytraining, Dienstag zur Freilaufgruppe, Mittwoch steht der Apportierkurs auf dem Programm, Donnerstag Agilitytraining zur Wettkampfvorbereitung, Freitag der gemeinsame

Da hilft dann auch kein Locken mit Futter oder dem sonst so heiß begehrten Spielzeug mehr.

Beschäftigungsspaziergang mit der Freilaufgruppe und am Wochenende geht es entweder zum Intensivseminar oder aber zur Teilnahme am Wettkampf. Schnell entsteht ein Leistungsdruck, der für Mensch und Hund zur Belastung werden und die Beziehung stark beeinträchtigen kann.

Einfach nur Hund sein dürfen …

Achte daher bei der Gestaltung deiner Aktivitäten immer auch darauf, dass genügend Freiraum bleibt. Ein Hund muss auch einfach nur mal Hund sein dürfen. Natürlich sind Zeiten für Training und gemeinsame Beschäftigung wichtig, aber ein Hund muss auch die Möglichkeit haben, im begrenzten Rahmen seinen eigenen Interessen nachzugehen. Beim Spaziergang ein Stück weit eine Spur verfolgen, erschnüffeln, wer sich gerade kurz vorher hier aufgehalten hat, sich auf einem Regenwurm wälzen oder sich in eine Pfütze werfen – je nach Hund und Veranlagung gibt es hier die unterschiedlichsten Bedürfnisse. Beobachte deinen Hund genau, du wirst schnell seine Vorlieben feststellen. Gib ihm Zeit für sich, denn er wird danach umso interessierter sein, wieder etwas mit dir gemeinsam zu unternehmen.

Leistungsdruck

Bedeutet das wiederum im Umkehrschluss, dass man gar nicht an sportlichen Wettkämpfen teilnehmen sollte? Wer den Wettkampf wortwörtlich nimmt, ihn als Kampf ansieht, mit dem obersten Ziel, die anderen Teilnehmer zu besiegen, der sollte tatsächlich noch einmal darüber nachdenken, ob eine andere Sportart – ohne Hund – nicht besser für ihn geeignet wäre. Denn leider kommt es immer wieder vor, dass der menschliche Ehrgeiz überhandnimmt und der Hund nicht mehr als Partner, sondern lediglich als Sportgerät betrachtet wird. Kann dieser die Leistung nicht erbringen, wird er ausgetauscht. Oder aber durch immer härteres Training zu ständig höheren Leistungen getrieben, sodass der Hund irgendwann der Belastung nicht mehr standhält und zusammenbricht. Das ist dem Hund gegenüber nicht fair, denn nicht der Hund hat sich für dieses Leben entschieden, sondern der Mensch. Wir sollten den Hund in erster Linie als Lebewesen ansehen, dessen Charakter und Eigenschaften wir respektieren müssen.

Natürlich spricht nichts dagegen, mit seinem Hund an einer Leistungsüberprüfung teilzunehmen, wenn beide Spaß daran haben. Für viele von uns ist eine Prüfung ein Ansporn, neue Fertigkeiten mit ihrem Hund zu trainieren. Wir möchten z. B. wissen, wie gut wir unser Training aufgebaut haben, auch im Vergleich zu anderen Mensch-Hund-Teams. Und mal ehrlich, bei einer Hundeprüfung geht es im Grunde genommen in der Regel um nichts von großer Bedeutung. Sicher freuen wir uns, wenn wir die Prüfung bestehen und vielleicht noch mit einem Pokal nach Hause kommen. Doch auch wenn es einmal nicht so gut läuft, bleibt unser Hund der gleiche wie zuvor – ein Partner, ein Lebewesen, das nicht immer perfekt funktioniert, so wie wir auch. Am erfolgreichsten werden daher immer die Teams sein, die gut aufeinander eingespielt sind, sich gegenseitig verstehen und respektieren, bei denen nicht der Erfolg im Vordergund steht, für die Prüfungen nichts weiter als ein schöner, gemeinsam miteinander verbrachter Tag sind.

Beschäftigung je nach Veranlagung

Hunde lieben Beschäftigung, doch die Auswahl an unterschiedlichen Beschäftigungsformen ist groß. Was passt zu mir und meinem Hund?

Natürlich kannst du einfach die verschiedenen Beschäftigungsformen ausprobieren. Ob eine Aktivität dir selbst liegt oder nicht, wirst du mit Sicherheit schnell herausfinden. Doch nicht nur dir sollte das gemeinsame Spiel mit deinem Hund Spaß machen, auch dein Hund sollte dabei glücklich sein und Freude daran haben.

Beschäftigung soll Hunde glücklich machen

Glück ist sicherlich ein eher menschlicher Begriff, der für Hunde nur bedingt zutrifft. Dennoch kann man diesen Begriff durchaus auch auf Hunde übertragen. Hunde sind dann glücklich, wenn sie zufrieden und ausgelastet sind, weil ihre Bedürfnisse wie z. B. Hunger, Durst, sozialer Kontakt sowie ausreichend Schlaf und Bewegung erfüllt wurden und sie ihren Veranlagungen nachgehen durften. In Bezug auf Glück beim Hund spielt also die Veranlagung, der Charakter des Hundes eine große Rolle, und es ist somit deine Aufgabe, hier individuell auf deinen Hund einzugehen und seinen Charakter einzuschätzen.

Auch kleine Hunde wie der Havaneser Finn brauchen geistige Auslastung durch Beschäftigung.

Vorlieben verschiedener Rassegruppen

Welche Vorlieben dein Hund hat, hängt zum einen von seiner Veranlagung, seinen Genen und damit natürlich von seiner Rassezugehörigkeit ab. Denn bei der Zucht wurden durch gezielte Selektion auf bestimmte Eigenschaften Verhaltensmerkmale ausgeprägt. Der Apportierhund, der das erlegte Wild zum Jäger bringen soll, wird daher in der Regel großes Interesse an Beutespielen haben. Der Nordische Hund, der über weite Strecken laufen soll, hat dagegen z. B. eher Spaß an ausdauernden Bewegungsspielen. Weiterhin spielen aber auch Erfahrungswerte eine Rolle. Veranlagungen müssen gefördert werden, damit sie sich entwickeln. Ein Hund, der nie gelernt hat, seine Nase einzusetzen, wird anfangs vom Fährtentraining, also dem Verfolgen einer Spur, nicht so begeistert sein, da er noch gar nicht versteht, worauf das Ganze hinauslaufen soll. Erst nach einigen Wiederholungen zeigt sich dann, inwieweit tatsächlich eine Motivation zur Nasenarbeit vorhanden ist oder aber nicht.

Es macht also Sinn, herauszufinden, welche Vorlieben ein Hund bereits durch seine Veranlagung mitbringt. Ein Hund, der Beschäftigungsformen ausführen darf, die seiner Veranlagung entsprechen, braucht in der Regel keine weitere Motivation dafür. Der Labrador Retriever, der aufgrund seiner Veranlagung Beutespiele liebt, braucht somit in der Regel keine separate Belohnung für eine Apportierübung. Für ihn ist das „Ausführendürfen“ der Apportierübung gleichzeitig die Belohnung. Man nennt dies intrinsische Motivation. Ein nicht intrinsisch motivierter Hund kann aber dennoch das Apportieren lernen. Er apportiert dann aber nicht, weil ihm das Apportieren so viel Spaß macht, sondern um über das Apportieren etwas anderes, z. B. ein leckeres Futterstück oder ein besonderes Lob seines Menschen, zu bekommen. Die schnelleren Lernfortschritte wird man immer bei einem intrinsisch motivierten Hund erreichen. Dennoch macht es durchaus Sinn, mit einem Hund Beschäftigungsformen zu trainieren, für die er nur extrinsisch motiviert ist. Zum einen lernt der Hund so, sich auch einmal auf etwas anderes einzulassen, er erweitert dadurch seine Erfahrungen. Vielleicht hat er aber auch einfach bisher keinen Kontakt mit dieser Beschäftigungsform gehabt, und Mensch und Hund lernen dadurch noch einmal vollkommen neue Aspekte des Hundecharakters kennen. Viele Hunde haben so das Apportieren erst einmal über die Gabe eines Futterstückes in kleinsten Schritten erlernt. Mit der Zeit haben einige Hunde dann so viel Spaß daran gefunden, dass die Belohnung durch das Futter immer nebensächlicher wurde und sich die ursprünglich extrinsische Motivation in eine intrinsische Motivation umgewandelt hat.

Herdenschutzhunde

Herdenschutzhunde sind sehr selbstständige Hunde, die ursprünglich die Herden vor Raubtieren bewachen und beschützen sollten. Zum Teil sind sie dabei tagelang allein mit der Herde unterwegs. Daher haben sie in der Regel kaum Interesse an

Mischlingshündin Hummel liebt Apportierübungen mit dem Futterbeutel, da sie nach jeder erfolgreichen Übung eine Belohnung hieraus erhält.

der Zusammenarbeit mit dem Menschen. Von Denkspielen werden sie sich also nur selten begeistern lassen. Da sie sich nur langsam mit der Schafherde zusammen weiterbewegen, kommen Bewegungsspiele ebenfalls kaum als Beschäftigungsform infrage. Ein Herdenschutzhund kann sich unterwegs durchaus auch einmal selbst versorgen, indem er Kaninchen oder andere Beutetiere aufspürt und fängt. Daher kann man ihn manchmal von Beutespielen (siehe S. 59 ff.) überzeugen. Allerdings muss sich das Spiel dann auch lohnen, der Herdenschutzhund muss wirklich Beute machen können. Ähnlich verhält es sich mit Schnüffelspielen (siehe S. 80 ff.), bei ausreichend Motivation durch eine sinnvolle Belohnung kann man diese Beschäftigungsform durchaus auch mit Herdenschutzhunden durchführen.

Der Kangal gehört zur Gruppe der Herdenschutzhunde. Laila sucht gern Futter in der Wiese.

Haus-, Hof- und Wachhunde

Die Hauptaufgabe der Haus-, Hof- und Wachhunde war, wie der Name es schon sagt, die Bewachung der Häuser und Höfe. Diese Hunde lagen stundenlang auf dem Hof herum und beobachteten die Umgebung. Betrat ein Fremder das Grundstück, wurde er lautstark verbellt und am Eindringen gehindert. Daher sind diese Hunde sehr selbstständig und wenig an der Zusammenarbeit mit dem Menschen interessiert. Eigentlich eignet sich für diese Hunde daher kaum eine Kategorie der Beschäftigungsformen eindeutig. Am ehesten wird man sie noch mit Schnüffelspielen (siehe S. 80 ff.) begeistern können, da die Vorliebe zum Einsatz der Nase als ursprüngliche Veranlagung natürlich noch vorhanden ist.

Nordische Hunde

Viele Nordische Hunde wurden dafür gezüchtet, Schlitten oder Wagen über weite Strecken zu ziehen. Sie können daher ausdauernd und lange rennen und dabei große Lasten ziehen. Sie sind eher selbstständige Hunde, die nur bedingt Interesse an einer Zusammenarbeit mit dem Menschen haben. Für die meisten Nordischen Hunde eignen sich daher vor allem Bewegungsspiele (S. 104 ff.). Durch ihre große Selbstständigkeit und die sehr urtümliche Verhaltensausprägung setzen Nordische Hunde zudem gern ihre Nase ein, indem sie z. B. ausdauernd Spuren verfolgen. Aufgrund dieser Problematik können viele Nordische Hunde oft nicht frei laufen. Daher kann man Nordische Hunde in der Regel auch gut durch Schnüffelspiele (S. 80 ff.) auslasten.

Jagdhunde

Jagdhunde zeichnen sich je nach Ausprägung natürlich vor allem durch den ausdauernden Einsatz der Nase sowie den Willen zum Beutemachen aus. Daher eignen sich in der Regel für alle Jagdhunde Schnüffel- (siehe S. 80 ff.) und Beutespiele (siehe S. 59 ff.) besonders. Um erfolgreich jagen zu können, müssen sich Jagdhunde zudem schnell und ausdauernd bewegen können, weshalb man auch im Bereich der Bewegungsspiele (siehe S. 104 ff.) passende Beschäftigungsformen für sie findet. Manche Jagdhunde, wie z. B. insbesondere die Retriever, arbeiten dabei eng mit dem Menschen zusammen. So sind diese Hunde auch für Denkspiele (siehe S. 126 ff.) oft zu begeistern.

Der Magyar Vizsla gehört zur Gruppe der Jagdhunde. Jiggar hat Spaß an Apportierspielen.

Windhunde

Windhunde sind Sichtjäger, sie lieben die Verfolgung von Objekten, den schnellen Sprint mit vielen Wendungen und Winkeln. Ursprünglich wurden sie in weiten Ebenen zur Jagd auf kleine Beutetiere eingesetzt. Kleinste Bewegungen der Beutetiere wurden durch diese Hunde ausgemacht, um dann die Verfolgung zu starten. Somit lieben Windhunde Bewegungsspiele (siehe S. 104 ff.), also dynamische Spiele, bei denen sie kurze Strecken in hohem Tempo rennen können. Beutespiele (siehe S. 59 ff.) sind bedingt geeignet, da Windhunde zwar gern die Beute verfolgen, das Zurückbringen der Beute zum Menschen jedoch nicht zu ihren Vorlieben gehört.

Hütehunde

Hütehunde pirschen sich beim Hüten an die Schafe an. Diese werden dabei fixiert, wodurch die Herde zusammengehalten bzw. in eine bestimmte Richtung getrieben wird. Dabei muss der Hütehund schnell und wendig sein, denn er muss sofort reagieren, wenn eines der Schafe aus der Herde ausbricht. Der Hütehund arbeitet dabei eng mit dem Schäfer zusammen, dieser dirigiert ihn nur durch die Signale einer Pfeife auf weite Distanz. Hütehunde sind daher besonders von Bewegungsspielen (siehe S. 104 ff.) sowie Denkspielen (siehe S. 126 ff.) begeistert. Insbesondere wenn diese in enger Zusammenarbeit mit dem Menschen erfolgen.

Der Australian Shepherd gehört zur Gruppe der Hütehunde. Grace liebt es, Tricks mit Corinna zu machen.

Der Havaneser gehört zur Gruppe der Gesellschaftshunde. Finn geht gern auf jedes Spielangebot ein.

Treibhunde

Treibhunde sind sehr robuste Hunde, die z. B. für den Einsatz an Rinderherden gezüchtet wurden. Sie sollen die Rinder durch Zwicken in die Fersen vorantreiben. Treibhunde müssen daher schnell und wendig sein, da sie ein Rind, das aus der Herde ausbricht, sofort wieder zurücktreiben müssen. Sie lieben daher Bewegungsspiele (siehe S. 104 ff.). Dabei darf es gern auch einmal körperlich zugehen. Der Treibhund arbeitet selbstständiger als der Hütehund und hat oft auch Interesse an Beutespielen (siehe S. 59 ff.) wie z. B. Treibball.

Gesellschaftshunde

Da Gesellschaftshunde ausschließlich dafür gezüchtet wurden, dem Menschen Gesellschaft zu leisten, steht bei ihnen die soziale Komponente im Vordergrund. Alle Beschäftigungsformen, die gemeinsam mit dem Menschen durchgeführt werden können, sind daher gut für diese Hunde geeignet. Angefangen von Schnüffelspielen (siehe S. 80 ff.) über Beutespiele (siehe S. 59 ff.), Bewegungsspiele (siehe S. 104 ff.) und auch Denkspiele (siehe S. 126 ff.) findet man für diese Hunde in jeder Kategorie ein passendes Spiel.

Der Appenzeller Sennenhund gehört zur Gruppe der Treibhunde. Basti spielt begeistert Treibball. Hierbei kann er den Ball durch die Wiese treiben.

Körpersprache von Hunden lesen lernen

Nicht nur durch Einschätzen der Veranlagung eines Hundes kann eine Aussage getroffen werden, ob eine Beschäftigungsform zu einem Hund passt. Ob ein Hund glücklich ist oder nicht, ob er sich wohl fühlt und Spaß hat oder aber eher das Gegenteil der Fall ist, zeigt er vor allem deutlich durch seine Körpersprache. Daher sollte man seinen Hund bei der gemeinsamen Aktivität immer beobachten und die Körpersprache sowie die gesendeten Signale erkennen und unterscheiden können. Falls du unsicher bist, lass dich hierbei von einem professionellen Hundetrainer unterstützen. Dieser wird dir die Körpersprache deines Hundes genau erklären.

Der entspannte und aufmerksame Hund

Der entspannte Hund steht mit leicht angehobenem Kopf auf leicht gewinkelten Beinen, der Fang kann dabei leicht geöffnet sein. Die Rute hängt entspannt nach unten, bei Aufmerksamkeit auch waagerecht erhoben. Die Ohren werden leicht aufgerichtet, bei Aufmerksamkeit in Richtung des Interesses gehalten. Der Hund wirkt im Gesamten weich und harmonisch. Hierbei sind rassetypische Unterschiede zu berücksichtigen. So wird ein Windhund, trotz entspannter Haltung, einen eher für unsicheres Verhalten typischen Rundrücken haben, da dieser durch gezielte Zucht verstärkt wurde.

Martin erklärt die Körpersprache des Mischlingsrüden Bosse, der etwas Spannendes entdeckt hat.

Whippet-Rüde Desmond steht entspannt auf der Wiese und betrachtet aufmerksam den Fotografen.

Mischlingshündin Reina sieht man den Stress deutlich an: Angelegte Ohren, ein weit geöffnetes Maul mit sichtbarer Stressfalte sowie starkes Hecheln sind eindeutige Zeichen.

Der freudig erregte Hund

Der freudig erregte Hund steht mit dem Gewicht eher auf den Vorderbeinen. Es kann zudem ein schneller Wechsel der Bewegungen erfolgen. Die Rute wird waagerecht gehalten, es wird meist ein starkes Wedeln gezeigt, bei dem der ganze hintere Körperteil mit einbezogen sein kann. Die Ohren sind deutlich aufgerichtet, der Blick interessiert auf den Ursprung der Erregung gerichtet. Die Erregung kann sich auch in einem hohen, kurzen Bellen äußern.

Der angespannte und drohende Hund

Der angespannte und drohende Hund steht mit dem Gewicht deutlich auf den Vorderbeinen. Diese werden steif durchgedrückt, die Rute wird deutlich über die Rückenlinie angehoben und starr gehalten. Die Ohren sind aufgerichtet, der Blick ist fixierend über den nach unten gehaltenen Nasenrücken auf das Gegenüber gerichtet. Die Drohung kann durch ein Knurren verdeutlicht werden, dabei wird oft das Maul geöffnet, die Vorderzähne sind sichtbar.

Der unsichere und ängstliche Hund

Der unsichere und ängstliche Hund steht mit dem Gewicht auf den Hinterbeinen, er ist im Notfall immer zur Flucht bereit. Der Rücken wird dabei oft nach oben aufgewölbt, die Rute je nach Stärke der Angst z. T. bis tief unter den Bauch eingezogen. Die Ohren sind angelegt, die Stirn ist glatt. Der Hund vermeidet den direkten Blickkontakt, wobei der Angstauslöser durchaus immer noch im Auge behalten wird.

Der gestresste und überforderte Hund

Der gestresste und überforderte Hund zeigt hektisch wechselndes Bewegungsverhalten, er reagiert auf die kleinsten Reize mit übertriebenen Reaktionen. Die Ohren sind in der Regel angelegt, die Stirn ist glatt, im Maulbereich zeigt sich eine deutlich ausgeprägte Stressfalte. Der Hund hechelt oft stark, die Zunge ist deutlich sichtbar, das Maul weit offen. Diese Hunde zeigen zudem oftmals viele Signale für Stress wie z. B. Gähnen, Blinzeln, Wegschauen, Schnüffeln, Sich-Kratzen, Sich-Schütteln.

Martin Rütter erklärt die Körpersprache des Mischlingsrüden Michel. Dieser zeigt deutliche Beschwichtigungssignale.

Beruhigungsgesten

Gerade beim Training mit dem Hund ist es wichtig, die verschiedenen Beruhigungsgesten zu kennen und zu erkennen. Beruhigungsgesten können drei verschiedene Bedeutungen haben. Sie können als beruhigende Geste an das Gegenüber gedacht sein, sie können als beschwichtigendes Signal an ein Gegenüber gesendet werden oder aber als Übersprunghandlung Zeichen der eigenen Unsicherheit sein.

Beruhigungssignale

Bei einem Beruhigungssignal benutzt der sichere Partner einer Kommunikation eine Geste, die dem unsicheren Partner Sicherheit vermittelt. Dazu gehört z. B. das Abwenden des Körpers oder des Kopfes.

Martin nimmt Kontakt mit Michel auf, indem er in die Hocke geht und sich leicht seitlich wegdreht.

Dieses Signal kannst du z. B. im Training und der gemeinsamen Aktivität mit einem unsicheren Hund einsetzen, indem du nicht frontal, sondern seitlich gedreht zu deinem Hund stehst, oder indem du dich in die Hocke begibst und dich klein machst. So signalisierst du deinem Hund, dass von dir keine Bedrohung ausgeht und er sich entspannt auf ein Spiel mit dir einlassen kann.

Beschwichtigungssignale

Bei einem Beschwichtigungssignal benutzt der unsichere Partner einer Kommunikation eine Geste, die dem sicheren Partner verdeutlicht, dass der unsichere Partner sich unwohl fühlt. Er will damit eine scheinbare oder auch tatsächliche Bedrohung abwenden und hofft durch diese Geste auf eine friedliche Beendigung der Kommunikation. Hierzu gehören z. B. das Vermeiden des Blickkontaktes, Pföteln sowie das Unterwürfigkeitsgesicht mit angelegten Ohren, weit nach hinten gezogenen Maulwinkeln und glatter Stirn. Beobachtest du im Training mit deinem Hund diese Merkmale, dann überprüfe einmal deine Körperhaltung. Vielleicht stehst du deinem Hund zu frontal gegenüber, sodass dieser deine Körperhaltung als Bedrohung auffasst. Oder du bist vielleicht etwas lauter in deinen Anweisungen geworden, da eine Übung nicht geklappt hat? Überlege dann, ob du im Training nicht zu schnell vorgegangen bist und verringere die Anforderungen. Hunde sprechen eine leise Sprache, sie führen Signale nicht besser aus, nur weil wir diese lautstark wiederholen.

Übersprunghandlungen

Bei einer Übersprunghandlung zeigt ein Hund, dass er von der Gesamtsituation gestresst ist. Der Hund verdeutlicht damit, dass er zwischen zwei Emotionen/Antrieben hin- und hergerissen ist und sich weder für die eine noch für die andere Handlung entscheiden kann. Ein Hund, der z. B. durch ein zu schnell gesteigertes Training überfordert ist, der also zum einen gern die Signale des Menschen ausführen möchte, andererseits durch fehlende Verknüpfung noch gar nicht entsprechend gelernt hat, darauf richtig zu reagieren, kann dies verdeutlichen, indem er auf einmal anfängt, sich zu kratzen oder zu schütteln, am Boden zu schnüffeln oder zu gähnen. In diesem Fall musst du im Training noch einmal einen Schritt zurückgehen, damit dein Hund versteht, was du eigentlich von ihm möchtest.

Hovawart Sammy fühlt sich durch die frontale Stellung und die von oben kommende Hand bedrängt.

Dieser Hund ist durch die Trainingssituation überfordert. Er zeigt dies durch ausdauerndes Kratzen.

Beschäftigung ein Hundeleben lang

Es gibt unzählige unterschiedliche Beschäftigungsmöglichkeiten, sodass für jeden Charakter, aber auch für jede Alters- und Trainingsstufe etwas dabei ist. Denn Hunde wollen ein Leben lang beschäftigt werden, natürlich angepasst an die jeweiligen körperlichen als auch geistigen Möglichkeiten.

Beschäftigung von Welpen

Generell kannst du mit der Beschäftigung deines Welpen beginnen, sobald du ihn vom Züchter abgeholt hast. Ein guter Züchter hat deinem Welpen bereits vorab zahlreiche Beschäftigungsmöglichkeiten im Welpenauslauf angeboten. Da dein Welpe bisher aber viel mit seinen Geschwistern gespielt hat, musst nun du diese Aufgabe übernehmen. Ansonsten sucht sich dein Welpe aus Langeweile vermutlich andere spannende Aufgaben, wie z. B. die Umgestaltung deiner Wohnung. Ein Welpe kann sich natürlich noch nicht so lange konzentrieren. Führe Übungen daher nur ein paar Mal hintereinander und nur über einen kurzen Zeitraum durch. Anfangs kann eine Minute schon lang sein. Trainiere also lieber 15-mal über den Tag verteilt eine Minute, anstatt dass du dir einmal am Tag 15 Minuten Zeit für das Training deines Welpen nimmst. Schritt für Schritt kannst du dann die Trainingszeit verlängern, bis dein Junghund mit ca. 4–5 Monaten sich auch einmal 5 bis 10 Minuten am Stück konzentrieren kann. Achte im Training aber auch auf die körperliche Beanspruchung deines Welpen. Wegen des Knochenwachstums darf er noch keine ausdauernde Beschäftigung durchführen, da ansonsten bleibende Schäden entstehen können. Begrenze daher deine Spaziergänge auf eine kurze Strecke. Ausflüge mit dem Fahrrad oder gemeinsames Joggen solltest du erst ab dem Alter von ca. einem Jahr in Erwägung ziehen, wenn dein Welpe erwachsen geworden ist, der Tierarzt ihn durchgecheckt und sein Okay für die sportliche Betätigung gegeben hat. Auch höhere Sprünge solltest du im ersten Lebensjahr deines Hundes nach Möglichkeit vermeiden, da die Knochen noch weich und nicht so stark belastbar sind.

Martin beim ausgelassenen Tobe- und Beutespiel mit dem Labrador-Junghund Leroy.

Martins Rhodesian Ridgeback-Hündin Abbey gehört mit ihren 10 Jahren bereits zu den Hundesenioren. Dennoch möchte auch sie immer noch beschäftigt werden.

Beschäftigung von Senioren

Auch alte Hunde möchten gern beschäftigt werden, gerade dann, wenn sie es zuvor ein Leben lang gewohnt waren. Jedoch solltest du die Beschäftigung deines Rentners natürlich an seine eingeschränkten körperlichen und geistigen Fähigkeiten anpassen. Wer viel sportlich aktiv ist, sollte seinen Hund etwa ab dem achten Lebensjahr regelmäßig einmal im Jahr vom Tierarzt durchchecken lassen. Passe die Streckenlänge dann an das jeweilige Leistungsvermögen deines Hundes an. Auch Sprünge oder andere Übungen, bei denen dein Hund klettern, kriechen oder sich z. B. durch einen Slalom winden muss, fallen den älteren Semestern meistens nicht mehr so leicht. Verzichte daher lieber auf solche Übungen, denn viele Hunde zeigen gerade leichte Schmerzen nicht unbedingt. Nimm Rücksicht auf deinen alten Hund, genieße gemeinsame Spaziergänge, bei denen dein Rentner gemütlich hinter dir hertrödeln darf. Verstecke ab und an ein Futterstück oder wirf ihm zwischendurch einmal den geliebten Ball. Dein alter Hund soll sich, gerade wenn du noch einen zweiten, jüngeren Hund dazugenommen hast, nicht zurückgesetzt fühlen. Er ist genauso wichtig für dich wie der junge Hund. Und seien wir einmal ehrlich ... der Charme, den ein alter Hund besitzt, ist mit nichts aufzuwiegen. Da lässt man doch gern einmal Fünfe gerade sein. Ich wünsche jedem, dass er die wunderbaren Tage mit einem alten Hund erleben darf, immer in der Erinnerung daran, was man gemeinsam alles bereits erlebt und miteinander durchgestanden hat. Dieses innige Verständnis füreinander ist einzigartig.

Aufbau des Hundetrainings

Im Training solltest du dir immer auch ein Ziel setzen und die Schritte gut planen, mit denen du dieses Ziel erreichen willst.

Nach einem Training solltest du dir erst einmal überlegen, wie es verlaufen ist, ob es Probleme gab, dein Hund z. B. Schwierigkeiten bei einer bestimmten Aufgabe hatte und was gut funktioniert hat.

Um die Fortschritte im Training nachzuvollziehen, eignet sich ein Trainingstagebuch. In dieses kannst du nach jedem Training aufschreiben, welche Schwierigkeitsstufe du mit deinem Hund erreicht hast bzw. welche Probleme es gab. Hier kannst du Distanzen und beim Apportieren auch Geländebeschaffenheit festhalten. Ablenkungen, ob bewusst gewählt oder spontan aufgetreten, wie z. B. ein fremder Mensch oder Hund, der mitten in der Trainingseinheit überraschend aufgetaucht ist, kannst du genauso notieren wie die Dauer der Trainingseinheit oder Wetterbedingungen.

Die persönliche Einstellung

Wichtig ist, dass die Beschäftigungsform oder das Training dir und deinem Hund Spaß machen. Hast du überhaupt keine Lust auf eine bestimmte Beschäftigung, kannst du auch deinem Hund die Freude daran nicht vermitteln. Denn unsere Hunde können uns hervorragend lesen. Sie erkennen an unserer Körpersprache, an unserem Verhalten, wenn wir keine Lust auf etwas haben oder etwa schlecht gelaunt sind und passen ihr Verhalten an. Der eine Hund wird dann eher vorsichtig und zurückhaltend sein und die Übungen eventuell sehr

Corinna notiert sich die Fortschritte mit ihrer Aussie-Hündin Grace in einem Trainingstagebuch.

unmotiviert durchführen, da er merkt, dass sein Mensch nicht zufrieden ist. Der andere Hund wird vielleicht unkonzentriert sein, sich schnell ablenken lassen, denn auch sein Mensch scheint ja mit seinen Gedanken ganz woanders zu sein. Auch wenn du überhaupt keine Zeit für eine Trainingseinheit mit deinem Hund hast, sowieso gestresst bist und „nur mal eben schnell" noch etwas machen willst, geht das meistens schief. Denn dein Hund ist dann ebenfalls gestresst und zu keiner korrekten Ausführung mehr fähig.

In all diesen Fällen macht es mehr Sinn, wenn du das Hundetraining auf einen späteren Zeitpunkt verlegst. Vor allem solltest du Übungen, die dein Hund noch nicht richtig gelernt und verstanden hat, vermeiden. Such dir dann entweder etwas aus, was du und dein Hund sozusagen „im Schlaf" beherrschen, sodass ihr beide sicher seid, was zu tun ist. Oder du gehst einfach mal spazieren, lässt die Seele baumeln und deinen Hund nur Hund sein. Tanke Kraft, indem du deinen Hund beobachtest und dich über ihn freust. Später oder an einem anderen Tag kannst du dann wieder gut gelaunt und motiviert mit dem Training beginnen.

Neben dem Training muss immer auch Zeit für einen entspannten Spaziergang sein.

Umfeld gestalten

Bevor du mit dem Training beginnst, betrachte zunächst einmal das Umfeld. Generell sollte ein Training so aufgebaut sein, dass du neue Beschäftigungen in einer für deinen Hund reizarmen Umgebung aufbaust. Auf welche Reize du dabei achten musst, hängt wiederum von deinem Hund ab. Der eine Hund ist bereits abgelenkt, wenn Blätter durch die Luft wirbeln, sodass du das Training besser „indoor" in deiner Wohnung startest, dem anderen fallen solche natürlichen Umweltreize gar nicht auf. Dem einen Hund sind fremde Menschen vollkommen egal, der andere freut sich über jede vorbeikommende Person, sodass er sich nicht mehr auf dich und die Übung konzentrieren kann. Wenn du deinen Hund beim Training beobachtest, wirst du schnell feststellen, welche Reize er problemlos aushalten kann und was ihn schnell ablenkt. Stelle dann eine sogenannte Reizhierarchie auf und beginne das Training zunächst ohne ablenkende Reize. Erst wenn dein Hund die Aufgabe verstanden hat und ohne Zögern ausführt, fügst du Schritt für Schritt und Training für Training immer stärkere Reize hinzu, bis dein Hund sich auch unter starker Ablenkung voll und ganz auf dich konzentriert.

Schwierigkeit angemessen steigern

Genauso wie du die Ablenkung Schritt für Schritt im Training steigerst, musst du die Schwierigkeit angemessen an die Lernfortschritte deines Hundes anpassen. Überfordere deinen Hund nicht und beginne zunächst einmal mit einer einfachen Aufgabe. Hat dein Hund diese erfolgreich gelöst, kannst du die Schwierigkeit ein wenig erhöhen. Allerdings darf die Steigerung auch nicht zu gering sein, da sich dein Hund ansonsten schnell langweilen würde. Der Grund dafür, dass ein Hund unkonzentriert beim Training ist und nicht mehr motiviert mitmacht, ist nicht immer Überforderung,

Der Weiße Schweizer Schäferhund Cody hat bereits einen guten Trainingsstand, sodass Corinna mit ihm auch unter großer Ablenkung im öffentlichen Park trainieren kann

sondern genauso oft auch Unterforderung und Langeweile. Mit ein wenig Erfahrung kannst du bestimmt bald einschätzen, welche Steigerungen du bei deinem Hund im Trainingsaufbau einplanen kannst.

Du wirst sicher nicht vermeiden können, dass du auch einmal zu schnell vorangegangen bist, die Schwierigkeit doch zu rasch gesteigert hast und eine Übung schiefgeht. In diesem Fall ignorierst du die falsche Ausführung der Übung einfach. Bestrafe deinen Hund jetzt nicht, denn das würde er nicht verstehen. Da die Steigerung der Schwierigkeit zu groß war und dein Hund die Aufgabe in dieser Form noch gar nicht verstanden hat, wäre es unfair, ihn für eine falsche Ausführung zu korrigieren. Er kennt das richtige Verhalten ja noch gar nicht und kann so eine Strafe mit der gestellten Aufgabe und seiner gezeigten Handlung nicht verknüpfen. Dadurch kommt es auch zu keinem Lerneffekt. Am besten, du verringerst bei der nächsten Übung die Schwierigkeit deutlich, sodass dein Hund die Aufgabe auf jeden Fall richtig ausführen kann. Er soll jetzt nicht durch viele falsche Übungen demotiviert werden. Hat er die Aufgabe gut ausgeführt, kannst du die Schwierigkeit wieder steigern, aber bitte in kleineren Schritten als zuvor.

Schade / Falsch

Anfangs solltest du besonders viel Wert darauf legen, dass dein Hund bei einer Aufgabe gar keinen Fehler machen kann. Das Verhalten soll sich festigen, dein Hund soll nach Möglichkeit gar keine anderen Ideen zur Lösung der Aufgabe entwickeln, keine anderen Varianten eines Verhaltens ausführen.

Mischlingsrüde Jack kann das Signal „Bleib“ bereits auf weitere Distanzen problemlos ausführen. Zu Beginn hat Moni die Distanz nur schrittweise verlängert, jetzt steigert sie diese immer direkt um mehrere Schritte.

Wird ein Verhalten jedoch sicher gezeigt, kann es sogar förderlich für das Training sein, wenn ab und an ein Fehler passiert. Der Hund lernt dadurch, mit Frust umzugehen, denn er muss ertragen, dass er dieses Mal keine Belohnung erhält. Zudem kann er die richtige Ausführung von anderen nicht gewünschten Ausführungen abgrenzen. Wichtig hierbei ist jedoch, dass du deinen Hund für eine falsche bzw. nicht gewünschte Ausführung des Verhaltens nicht bestrafst, denn letztendlich hat dein Hund diese Übung nicht bewusst falsch ausgeführt. Er hat einfach noch nicht gelernt, das Verhalten in allen Situationen und Reizlagen sicher auszuführen. Deshalb ignorierst du das falsche bzw. unerwünschte Verhalten einfach, dein Hund erhält dafür keine Belohnung. Dann beginnst du die Übung erneut, wie bereits beschrieben in einer etwas einfacheren Variante, damit dein Hund danach seine Belohnung bekommt. Durch ein entsprechendes Signal wie z. B. „Schade“ oder „Falsch“ kannst du deinem Hund noch verdeutlichen, dass die gerade gezeigte Handlung leider nicht zum Erfolg geführt hat, er keine Belohnung erhält und die Übung nun von vorn gestartet wird. Neue Chance, neues Glück.

Zeiten einhalten

Viele Menschen trainieren zu lange mit ihrem Hund. Es ist aber auch schwer, gerade dann, wenn es gut läuft und so richtig Spaß macht, aufzuhören und das Training zu beenden. Den Spruch „Einmal mache ich noch“ hat mit Sicherheit jeder Hundehalter schon einmal gehört. Leider ist es dann oftmals genau dieses eine Mal zu viel gewesen. Die Übung geht schief, die bisher optimal verlaufene Trainingseinheit ist gestört. Nun heißt es, die Schwierigkeit deutlich zurückzunehmen, damit der Hund beim nächsten Mal die Aufgabe in jedem Fall erfüllen und das Training positiv beendet werden kann. Denn mit einem Misserfolg möchten weder wir noch unser Hund aus einer Trainingseinheit gehen.

Macht Jack einen Fehler und steht auf, obwohl Moni ihm „Bleib" signalisiert hat, beginnt sie die Übung einfach noch einmal von vorn, verringert aber den Abstand zu Jack.

Pausen

Ein Hund kann sich je nach Trainingsstand nicht länger als 10 bis 15 Minuten am Stück konzentrieren. Trainiere daher maximal drei mal ca. 10 Minuten am Stück hintereinander, jeweils mit einer kurzen Pause dazwischen. Erfahrene Hunde können in der Pause warten, während andere Hunde an der Reihe sind. Anfänger sollten die Pause wirklich auch als Pause nutzen können. Denn auch Zuschauen und Warten, während andere Hunde trainieren, ist für einen Hund, der dies noch nicht gelernt hat, anstrengend und keinesfalls entspannend. Gönn deinem Hund daher anfangs eine wirkliche Auszeit, in der er z. B. ein wenig herumlaufen und schnüffeln darf.

Auch ein Tag Pause hat sich beim Training von neuen Beschäftigungsformen gut bewährt. Gerade, wenn man im Training das Gefühl hat, nicht weiterzukommen und auf der Stelle zu treten, wirkt ein Tag Pause oftmals Wunder. Der Hund braucht diese Zeit, um das Gelernte zu verarbeiten. Häufig funktioniert eine Übung, die beim letzten Training gerade so geklappt hat, dann problemlos, und man kann direkt einen Schritt weitergehen, die Schwierigkeit erhöhen. Das bedeutet aber nicht, dass dein Hund am Pausentag nichts erleben darf bzw. du gar nichts mit ihm machen darfst. Spaziergänge, bei denen dein Hund einfach seinen eigenen Bedürfnissen nachgehen darf, sind natürlich immer erlaubt. Genauso darfst du auch Übungen mit deinem Hund machen, die er bereits erlernt hat und sicher beherrscht.

Aufmerksamkeit trainieren

Damit dein Hund weiß, dass nun das Training beginnt, kannst du ein Startsignal aufbauen. Dies kann im einfachsten Fall der Name deines Hundes sein. Denn dieser sollte für den Hund eigentlich bedeuten: „Pass auf, du bist gemeint, ich spreche gerade mit dir. Achte auf mich, da ich dir gleich ein

Die Rhodesian Ridgeback-Hündin Abbey schaut Martin aufmerksam an.

Zur Belohnung für den aufmerksamen Blickkontakt wirft Martin ihr ein Futterstück zu.

anderes Signal gebe!“ Viele Menschen machen den Fehler und benutzen den Namen des Hundes als Rückrufsignal. Wenn du jedoch später einmal auf Distanz mit deinem Hund Übungen durchführen möchtest, wird es schwierig. Denn dann wird dein Hund jedes Mal, wenn du ihn mit seinem Namen ansprichst, erst einmal zu dir kommen.

Signal „Schau“

Einige Hunde reagieren auch gar nicht mehr auf ihren Namen, da sie ihn ständig hören. „Bello hier, Bello aus, Bello nein, Bello pfui, du bist aber ein lieber Bello ...“ Bei einer solchen Dauerberieselung schalten viele Hunde einfach ab, der Name hat für sie keine Bedeutung mehr. In diesem Fall kannst du z. B. einfach ein separates Aufmerksamkeitssignal aufbauen, wie z. B. das Signal „Schau“. Beginne das Training in einer ablenkungsfreien Umgebung. Warte so lange, bis dein Hund dich nicht mehr anschaut. Er sollte allerdings auch nicht vollkommen vertieft in eine andere Sache sein. Nun machst du ein Geräusch. Du kannst dazu z. B. schnalzen oder in die Hände klatschen. Du kannst deinen Hund auch dadurch aufmerksam machen, indem du dich rückwärts von ihm weg bewegst oder aber in die Hocke gehst. Beobachte ihn genau, in dem Augenblick, in dem er dich anschaut, belohnst du ihn, indem du ihm z. B. ein Futterstück zuwirfst. Nach einigen Wiederholungen fügst du das neue Signalwort hinzu. Genau in dem Augenblick, in dem dein Hund Blickkontakt mit dir aufnimmt, sagst du das Wort „Schau“. Trainiere die Übung einige Male, bis du sicher bist, dass dein Hund das neue Signal „Schau“ mit der Aufnahme des Blickkontaktes verknüpft hat. Erst dann setzt du das Signal vor die eigentliche Übung. Dein Hund soll dich nun auf das Signal „Schau“ anschauen. Schritt für Schritt kannst du die ablenkenden Reize steigern, bis dein Hund gelernt hat, in jeder Situation nach diesem Signal mit dir Blickkontakt aufzunehmen. Indem du das Futterstück immer ein wenig später gibst, kannst du zudem die Zeit verlängern, die dein Hund dich bei „Schau“ ansehen soll.

Lernverhalten des Hundes

Um das Training mit deinem Hund sinnvoll aufbauen zu können, solltest du die wichtigsten Lerntheorien kennen. Beim Aufbau neuer Beschäftigungsformen sind zwei Lerntheorien von Bedeutung, die operante sowie die klassische Konditionierung.

Operante Konditionierung

Bei der operanten Konditionierung bestimmen die für den Hund angenehmen oder unangenehmen Folgen, die auf ein Verhalten des Hundes folgen, ob dieser das gezeigte Verhalten in Zukunft häufiger zeigen wird oder nicht. Es gibt vier verschiedene Möglichkeiten.

1. Positive Verstärkung

Bei der positiven Verstärkung wird nach einem gezeigten Verhalten eine für den Hund angenehme Folge hinzugefügt. Der Hund wird das gezeigte Verhalten dadurch in Zukunft häufiger zeigen.

Beispiel: Nachdem der Hund sich hingesetzt hat, erhält er eine Futterbelohnung, die er gern mag. Der Hund wird sich künftig – in Erwartung einer weiteren Futterbelohnung – häufiger hinsetzen.

Der Große Schweizer Sennenhund-Rüde Cooper probiert aus, mit welchem Verhalten er Erfolg hat, setzt sich hin …

… und wird von Sarah belohnt. Er wird sich künftig häufiger hinsetzen, um weiteres Futter zu bekommen.

2. Positive Bestrafung

Bei der positiven Bestrafung wird nach einem gezeigten Verhalten eine für den Hund unangenehme Folge hinzugefügt. Der Hund wird das gezeigte Verhalten dadurch in Zukunft nicht mehr so oft zeigen. Beispiel: Nachdem der Hund einen anderen Hund anbellt, schimpft der Mensch mit ihm, was der Hund als unangenehm empfindet. Der Hund wird künftig – in Erwartung einer weiteren Bestrafung – nicht mehr so oft andere Hunde anbellen.

3. Negative Bestrafung

Bei der negativen Bestrafung wird nach einem gezeigten Verhalten eine für den Hund angenehme Folge entzogen. Der Hund wird das gezeigte Verhalten dadurch in Zukunft nicht mehr so oft zeigen. Beispiel: Nachdem der Hund den Menschen anbellt, damit dieser den geliebten Ball wirft, steckt der Mensch den Ball in die Tasche und ignoriert den Hund. Der Hund bekommt also weder den Ball noch die Aufmerksamkeit seines Menschen, was er beides gern gehabt hätte. Der Hund wird den Menschen künftig nicht mehr so oft anbellen, wenn dieser den Ball herausholt.

4. Negative Verstärkung

Bei der negativen Verstärkung wird nach einem gezeigten Verhalten eine für den Hund unangenehme Folge entzogen. Der Hund wird das gezeigte Verhalten dadurch in Zukunft häufiger zeigen. Beispiel: Damit sich der Hund setzt, wird so lange auf das Hinterteil des Hundes Druck ausgeübt, bis er sitzt. Der für den Hund unangenehme Druck hört in diesem Augenblick auf. Der Hund wird sich künftig häufiger setzen, wenn er sich neben dem Menschen befindet.

Wichtig: Dieses Prinzip ist für das Training mit dem Hund eher ungeeignet. Der Hund kann dem unangenehmen Reiz hierbei nicht entgehen, da er ja noch gar nicht weiß, welches Verhalten eigentlich erwünscht ist. Dies ist moralisch und ethisch nicht vertretbar und kann im schlimmsten Fall das Vertrauen des Hundes in den Menschen zerstören.

Die vier Lernformen im Vergleich

Bei der Bezeichnung der Lernformen darf man sich nicht von den Worten „positiv“ oder „negativ“ verunsichern lassen, denn mit diesen Worten wird lediglich ausgedrückt, ob eine Folge hinzugefügt oder weggenommen wird. Es wird damit keine Wertung im Sinne von „für den Hund angenehm oder unangenehm“ ausgedrückt. Das Wort „Bestrafung“ drückt dabei genauso wenig etwas Unangenehmes für den Hund aus wie das Wort „Verstärkung“ etwas Angenehmes. Bei den beiden Lernformen der Bestrafung soll das vom Hund gezeigte Verhalten abgebaut werden, bei den beiden Lernformen der Verstärkung soll das vom Hund gezeigte Verhalten aufgebaut werden.
Doch welche Lernform eignet sich nun am besten für das Training von Beschäftigungsformen? Darf man einen Hund denn überhaupt im Training bestrafen, ihm etwas Unangenehmes zufügen? Natürlich muss ein Training mit Gewalt und starken Schmerzreizen beim Hund immer abgelehnt werden. Dennoch, Hunde gehen auch nicht immer nur nett miteinander um. Wer einmal eine Hündin bei der Aufzucht ihrer Welpen beobachtet hat, wird schnell feststellen, dass spätestens in der siebten Woche die Narrenfreiheit der Welpen endet. In dieser Zeit bringt die Mutterhündin den Welpen die Regeln im Zusammenleben mit anderen Hunden bei. Die Welpen müssen z. B. lernen, das Eigentum anderer Hunde zu respektieren. Hat Mama einen Knochen, an dem sie genussvoll kaut, und die Welpen wagen sich zu nah heran, werden sie zunächst mit einem deutlich fixierenden Blick gewarnt. Doch nicht alle Welpen werden aufgrunddessen Abstand halten. Um die Intention zu verdeutlichen, folgt dann ein tiefes Knurren. Sollte es dann immer noch einen vorwitzigen Naseweis geben, der versucht, an Mamas Leckerei zu gelangen, wird dieser durch einen Schnauzgriff korrigiert. Mama greift dabei mit der Schnauze über den Fang des Welpen. Dabei fasst sie so fest zu, dass der Welpe beeindruckt, aber natürlich nicht verletzt ist, er jedoch sein Vorhaben aufgibt.

Labrador Retriever-Welpe Dio muss erst noch lernen, dass er nicht einfach das Essen vom Menschen klauen darf. Andreas korrigiert ihn mit einem Schnauzgriff.

Genauso, wie Hunde diese Regeln im Zusammenleben miteinander erlernen müssen, sollte man ihnen von Anfang an klarmachen, dass ähnliche Regeln auch im Umgang mit Menschen gelten. So kann ein Welpe z. B. sehr schnell lernen, dass er dem Menschen kein Essen aus der Hand oder dessen unmittelbarem Einwirkungsbereich klauen darf. Versucht er es dennoch, kann man ihn z. B. mit einem Schnauzgriff korrigieren. Man fasst dabei mit der Hand über den Fang des Welpen, fixiert ihn und spricht ein Tabuwort aus. Hierbei handelt es sich dann um das Prinzip der positiven Bestrafung.

Für den Aufbau von Beschäftigungen eignet sich die positive Bestrafung jedoch nicht. Generell sollte man Hunde immer nur dann bestrafen, wenn es sich um eine Situation handelt, in der Hunde untereinander den anderen auch korrigieren würden. Ausnahmen davon sollten nur dann gemacht werden, wenn dem Hund durch die Bestrafung eine deutlich bessere Lebensqualität gegeben werden kann. Hiervon kann man bei dem Aufbau einer Beschäftigungsform aber nun wirklich nicht sprechen. Lernt ein Hund nicht, den Lichtschalter anzumachen, hat dies keine große Bedeutung für sein weiteres Leben. Einen Hund zu bestrafen, nur weil man selbst gern möchte, dass er ein bestimmtes Verhalten, eine bestimmte Trainingsform erlernt, ist moralisch und ethisch nicht vertretbar. Zudem war vielleicht auch das Training nicht optimal aufgebaut oder aber die Beschäftigungsform war nicht passend zur Veranlagung und Motivation des Hundes gewählt. Daher sollte man für den Aufbau neuer Beschäftigungsformen das Prinzip der positiven Verstärkung wählen. Der Hund lernt mithilfe dieses Prinzips bei einem gut aufgebauten Trainingsplan schnell, was wir von ihm möchten. Zudem erfährt er nach dem Verhalten eine angenehme Folge, die er idealerweise nicht nur mit dem Verhalten, sondern auch mit der gesamten Trainingssituation sowie mit uns selbst verknüpft. Damit wird zusätzlich die Bindung zwischen uns und unserem Hund gestärkt.

Klassische Konditionierung

Bei der klassischen Konditionierung wird ein neuer Auslöser für ein Verhalten erlernt. Ursprünglich bezieht sich die Theorie der klassischen Konditionierung dabei nur auf angeborene Reflexe des Hundes, wie z. B. das Speicheln. Entdeckt wurde diese Lerntheorie bei einem Laborversuch durch Iwan Pawlow (1849 – 1936). Hunde beginnen beim Anblick von Futter zu speicheln. Das Futter als ungelernter Reiz löst also das Speicheln als ungelernten Reflex aus. Bei der klassischen Konditionierung wird das Futter jetzt immer in Verbindung mit einem weiteren, bisher neutralen Reiz wie z. B. dem Ton einer Glocke, die bisher eine neutrale, also unspezifische Reaktion wie z. B. „mal Aufschauen, mal Ignorieren" ausgelöst hat, verknüpft. Nach der Konditionierung wirkt der Ton der Glocke als gelernter Reiz, auf den eine gelernte Reaktion erfolgt. Der Hund beginnt beim Ton der Glocke zu speicheln, auch wenn er kein Futter sehen oder riechen kann.

Sarah gibt das neue Sichtzeichen für die Übung „Sitz" in dem Augenblick, in dem Cooper sich hinsetzt.

Aufbau neuer Signale

Dieses Prinzip kann man nun auch z. B. auf den Aufbau neuer Signale beim Hund übertragen. Hat ein Hund mithilfe der operanten Konditionierung gelernt, ein Verhalten wie z. B. „sich hinsetzen" häufiger zu zeigen, wird dieses Verhalten „reflexartig" gezeigt und entspricht damit dem Speicheln aus dem obigen Beispiel. Die Erwartungshaltung des Trainings löst dieses Verhalten „sich hinsetzen" reflexartig aus und wird nun mit einem neuen Signal, einem Hörzeichen wie z. B. „Sitz" verknüpft. Dieses Signal hat für den Hund noch keine Bedeutung und entspricht daher dem neutralen Reiz, der bisher eine unspezifische Handlung auslöst. Ein Hund, der die Bedeutung des Wortes „Sitz" noch nicht gelernt hat, wird den Menschen vielleicht anschauen, vielleicht ignoriert er ihn aber auch vollkommen. Werden Signal und Handlung mehrfach kombiniert, hat der Hund gelernt, dass das Signal „Sitz" die Handlung „sich hinsetzen" auslösen soll.

Sobald der Hund Signal und Verhalten miteinander verknüpft hat und das Signal damit als Auslöser für das neue Verhalten wirkt, darf der Mensch den Hund nicht mehr belohnen, wenn dieser das Verhalten spontan zeigt, also ohne dass ihm das Signal gegeben wurde. Bisher konnte der Hund durch das spontan gezeigte Verhalten eine Belohnung erlangen. Funktioniert dies nun auch weiterhin, konditioniert der Hund den Menschen, fordert eine Belohnung ein. Gerade zu Beginn des Trainings eines neuen Verhaltens mit neu gelerntem Signalwort wird es oft zu weiteren spontan gezeigten Wiederholungen des Verhaltens kommen, da der Hund mit dieser Variante bisher ja Erfolg hatte. Achtet der Mensch in dieser Zeit genau darauf, spontan gezeigte Verhaltensausführungen nicht mehr zu belohnen, wird der Hund schnell lernen, dass er nur dann eine Belohnung erhält, wenn er das Verhalten auf das Signal des Menschen ausführt. Dies ist wichtig, da beim Aufbau von Beschäftigungsformen nicht nur das Erlernen neuer Verhaltensweisen im Vordergrund stehen soll, sondern die gemeinsame Interaktion mit dem Menschen.

Der Einsatz von Belohnung

Beim Training mit positiver Verstärkung wird dem Hund nach dem erwünschten Verhalten eine angenehme Folge, also eine Belohnung, angeboten. Damit ein Hund eine angebotene Folge als Belohnung empfindet, muss sie für ihn angenehm sein. Ein Hund, dem Futter nicht wirklich wichtig ist, wird einen Brocken Trockenfutter nach einer Übung daher wohl kaum als etwas Angenehmes, als etwas Besonderes empfinden. In diesem Fall solltest du als Belohnung ein besonders schmackhaftes Leckerchen wie z. B. ein Stück Fleisch wählen. Alternativ kannst du deinem Hund z. B. auch ein Spielzeug werfen, also eine Beute als Belohnung anbieten. Als dritte Belohnungsvariante kannst du deinem Hund nach dem Verhalten Sozialkontakt anbieten, indem du ihn lobst und streichelst. Welche Variante du wählst, hängt von deinem Hund und seinen Vorlieben ab. Natürlich kannst du auch zwischen den verschiedenen Belohnungen wechseln, so bleibt es für deinen Hund immer spannend.

Martin belohnt Milka für das Apportieren mit einem Futterstück.

Futter als Belohnung

Futter als Belohnung bietet sich immer dann an, wenn ein Hund schnell belohnt werden soll und man nach der Belohnung auch möglichst schnell wieder weitertrainieren will. Gerade bei kurzen Sequenzen bietet sich diese Möglichkeit daher an. Zudem sollte man auf Futter als Belohnung bei Hunden, die sich durch Sozialkontakt oder Beutespiele nicht gut motivieren lassen, zurückgreifen. Wichtig ist jedoch, die verwendeten Futterbrocken von der täglichen Futterration abzuziehen. Denn gerade wenn man viele kurze Übungen hintereinander durchführt und den Hund somit häufig belohnt, hat man sonst bald einen übergewichtigen Hund.

Der Mensch als Futterautomat

Bei einigen Hunden besteht das Problem, dass sie in dem Augenblick, in dem sich Futter in der Hand ihres Menschen befindet, nur noch den Futterbrocken

Milka liebt auch Beutespiele. Daher belohnt Martin sie für eine gut ausgeführte Übung dieses Mal mit einem Apportierspiel.

im Auge haben und alles um sich herum vergessen, vor allem die Aufgabe, um die es eigentlich geht. Beim Erlernen einer neuen Verhaltensweise ist Futter in der Hand zwar manchmal notwendig, um den Hund überhaupt in eine neue Position zu führen. Spätestens danach sollte man das Futter in einem Beutel oder einer Tasche unterbringen und erst nach dem erfolgreich ausgeführten Verhalten herausholen. Der Hund soll das Futter ja schließlich als Belohnung für das Verhalten bekommen und nicht als Bestechung für ein künftig vielleicht ausgeführtes Verhalten. Dies führt dann nämlich schnell dazu, dass der Hund das Verhalten nur dann ausführt, wenn er das Futter sieht. Damit wird der Mensch lediglich zum Futterautomaten degradiert. Der Hund drückt die entsprechende Taste, zeigt ein Verhalten, um das Futter vom Menschen zu bekommen. Die Beziehung zwischen Mensch und Hund spielt dann nur eine untergeordnete Rolle. Das soll aber nicht Ziel eines Trainings mit dem Hund sein.

Beute als Belohnung

Ein Beutespiel zur Belohnung bietet sich nur bei Hunden an, die an Beute interessiert sind. Hier spielt natürlich auch die Auswahl der Beute eine Rolle. Es sollte ein Objekt sein, mit dem dein Hund gern und begeistert spielt. Da es immer eine Zeitlang dauert, bis der Hund dem Objekt hinterhergelaufen ist, es geholt und im Idealfall direkt zu dir zurückgebracht hat, eignet sich die Belohnung mit dem Beutespiel vor allem bei längeren, aufwendigen Übungen. Hast du z. B. einen kleinen Parcours mit deinem Hund absolviert, bei dem er mehrere unterschiedliche Hindernisse nacheinander überwinden musste, kann er sich beim Hinterherlaufen nach der Beute erst einmal entspannen. Die Konzentrationsphase ist beendet, er kann durch die Bewegung seine Anspannung abbauen. Allerdings solltest du bei der Belohnung mit dem Beutespiel beachten, dass dein Hund bereits gelernt hat, die

Beute auch wieder zu dir zurückzubringen und abzugeben. Ansonsten ist die Übungseinheit nämlich erst einmal beendet und du musst nun mühevoll versuchen, die Beute wieder in deinen Besitz zu bringen.

Streicheln / Lob als Belohnung

Streicheln und Lob, also soziale Aufmerksamkeit, eignet sich nur für solche Hunde, die diese soziale Aufmerksamkeit als angenehm, also als Belohnung empfinden. Gerade Hunde, die nur wenig an der Zusammenarbeit mit dem Menschen interessiert sind, wie z. B. Nordische Hunde, werden nur selten allein für ein Lob ein Verhalten häufiger zeigen. Dennoch solltest du auch bei der Verwendung von Futter oder Beutespiel zusätzlich noch ein Lobwort nutzen. Denn so wird die Bedeutung der sozialen Aufmerksamkeit für deinen Hund noch einmal hervorgehoben. Das Lob, deine Aufmerksamkeit gegenüber deinem Hund, erfolgt zusammen mit dem Beutespiel oder dem Futter und wird damit auch direkt positiv belegt. Damit förderst du die Bindung deines Hundes an dich und vermeidest zusätzlich, dass du als Futterautomat von deinem Hund angesehen wirst.

Signale

Für das Training neuer Beschäftigungsformen müssen als Auslöser Signale vom Hund erlernt werden. Man unterscheidet dabei zwischen Hör- und Sichtzeichen. Auch wenn Hunde durchaus lernen können, viele verschiedene Hörzeichen zu unterscheiden, sollte man es dem Hund einfach machen und deutlich voneinander abgegrenzte Wörter wählen. Für einen Hund, der Fritz heißt, macht es daher wenig Sinn, als Hörzeichen für das Hinsetzen das Wort „Sitz" auszuwählen. Dies würde ständig für Verwirrung beim Hund sorgen, da er sich nie sicher wäre, was gerade gemeint war:

Da Milka zudem den Sozialkontakt mit Menschen genießt, mag sie auch Streicheln als Belohnung.

„Schau mich an, ich spreche mit dir" oder „Setz dich hin." Das Gleiche gilt natürlich auch für Sichtzeichen. Generell sollte man ein Training mit Sichtzeichen, zumindest aber ein Training mit Sicht- und Hörzeichen bevorzugen. Der Hund ist ein Lebewesen, das hauptsächlich mithilfe seiner Körpersprache kommuniziert. Auditive Signale, also Laute, spielen nur eine untergeordnete Rolle. Ein Training rein auf Hörzeichen beruhend, wie es z. B. bei der Begleithundeprüfung gefordert wird, ist daher im Grunde genommen nicht am Hund orientiert. Mit der Verwendung von Sichtzeichen kannst du deinem Hund also das Lernen neuer Signale erleichtern. Dennoch macht es Sinn, nicht ausschließlich Sichtzeichen zu verwenden. Gerade beim Training auf Distanz sind Sichtzeichen für den Hund manchmal nicht gut erkennbar. Zudem würde dein Hund, wenn er z. B. von dir weg arbeitet, dir also gerade seinen Rücken zudreht, ein Sichtzeichen gar nicht bemerken.

Training mit mehreren Hunden

Die meisten hier vorgestellten Beschäftigungsformen lassen sich hervorragend auch mit zwei oder mehr Hunden durchführen. Hierbei lässt man die Hunde entweder nacheinander arbeiten, die nicht arbeitenden Hunde müssen so lange warten. Man kann die Hunde auch parallel arbeiten lassen. Hierzu müssen die Hunde die Aufgabe jedoch sicher beherrschen. Zudem dürfen sie sich nicht vom anderen Hund ablenken lassen. Es darf auch keine Konkurrenz unter den Hunden bestehen. Dies könnte dazu führen, dass einer der Hunde den anderen korrigiert, wenn dieser Erfolg hatte und z. B. eine Beute oder ein Futterstück gefunden hat, während der andere Hund noch auf der Suche ist.

Getrennt trainieren

Bevor du mit einem gemeinsamen Training beginnst, musst du jedoch zuerst einmal mit jedem Hund einzeln trainieren. Jeder Hund sollte die Übungen allein, also ohne die Anwesenheit des anderen Hundes, sicher beherrschen. Natürlich kannst du den zweiten Hund an einem Baum oder Zaunpfahl festbinden, während du mit dem ersten Hund trainierst. Doch dieser kann von der Anwesenheit des anderen Hundes abgelenkt sein, und das umso mehr, je weniger der wartende Hund entspannt auf seinem Platz bleibt. Hat der zweite Hund noch nicht gelernt zu warten, kann es sein, dass er sich darüber aufregt, dass er gerade nicht an der Reihe ist, der Kumpel aber trainieren darf. Lautstarkes Jammern und Bellen bis hin zum In-die-Leine-Beißen und Wild-an-der-Leine-Zerren können die Folge sein. Spätestens dann ist kein konzentriertes Training mehr möglich. Zudem musst du vermutlich irgendwann eingreifen, wenn du keinen Ärger mit deinen Nachbarn aufgrund der Lärmbelästigung provozieren willst oder aber verhindern möchtest, dass der wartende Hund sich befreit, indem er die Leine durchbeißt. Damit würdest du das unerwünschte Verhalten des wartenden Hundes aber nicht mehr ignorieren. Du würdest reagieren und der Hund hätte sein Ziel erreicht, zumindest ein Teilziel. Er muss nicht weiter dort warten und du be-

Beginne das Training mit zwei Hunden, indem du einen der Hunde z. B. im Auto warten lässt.

schäftigst dich nun mit ihm anstatt mit dem anderen Hund. Damit dein zweiter Hund also gar nicht erst lernt, mit einem solchen Verhalten Erfolg zu haben, solltest du ihn zum Warten in der Wohnung oder im Auto lassen, gegebenenfalls sogar außer Sichtweite, damit er sich gar nicht erst aufregen kann.

Warten lernen

Im nächsten Schritt baust du nun das „Wartenlernen“ auf. Dazu beginnst du mit ganz einfachen, kurzen Übungen, die beide Hunde sicher beherrschen. Lege einen der Hunde ab und signalisiere ihm, dass er warten soll. Dann wendest du dich dem anderen Hund zu, führst die kurze Übung durch und legst dann diesen Hund in einer Warteposition ab. Ist der erste Hund brav liegengeblieben, kannst du ihn für das ruhige Warten belohnen. Ist er aufgestanden, musst du ihn an den ursprünglichen Liegeplatz zurückbringen und dann erneut eine möglichst noch einfachere und kürzere Übung mit dem anderen Hund durchführen. Der erste Hund wird nur dann belohnt, wenn er ruhig und entspannt auf seinem Platz gewartet hat. Steigere dann Schritt für Schritt die Aufgabenschwierigkeit sowie Dauer, bis beide Hunde entspannt auch für längere Zeit liegen bleiben, selbst wenn Beute fliegt oder du mit dem jeweils anderen Hund gemeinsam einen Parcours läufst.

Gemeinsam trainieren

Für das gemeinsame Training bieten sich insbesondere Beutespiele an. Dabei kannst du anfangs den einen Hund in die eine Richtung schicken, um eine Beute zu suchen und zu dir zurückzubringen. Den zweiten Hund schickst du genau in die entgegengesetzte Richtung. Später können beide Hunde auch in der gleichen Richtung nach Beute suchen, da sie gelernt haben, den anderen nicht bei seiner Aufgabe zu stören und zu respektieren, wenn dieser eine Beute gefunden hat.

Silke hat Kuzco das Signal „Platz“ gegeben, welches er brav ausführt, während sie die Mischlingshündin Hummel an Kuzco vorbei abruft.

Spielideen – für jeden etwas dabei

Je nach Veranlagung deines Hundes wird dieser mehr an Beute-, Schnüffel-, Bewegungs- oder Denkspielen interessiert sein.

Bei Beutespielen steht das „Beutemachen" im Vordergrund, bei Schnüffelspielen geht es darum, die Nase einzusetzen, bei Bewegungsspielen steht die körperliche Bewegung im Vordergrund und bei Denkspielen muss der Hund über Nachdenken und Ausprobieren eine Lösung für ein Problem finden. Natürlich gibt es immer auch Mischformen, also Spiele, bei denen zwei oder mehr Aspekte von Bedeutung sind. Jedoch gibt es in der Regel immer einen Hauptaspekt, sodass diese Spiele hier in der zum Hauptaspekt passenden Kategorie einsortiert wurden.

Probiere aus, welche Spiele deinem Hund am ehesten liegen und spiel einfach los! Die hier vorgestellten Spiele und Beschäftigungsmöglichkeiten sind alle leicht nachzumachen, es sind in der Regel keine besonderen Trainingsgeräte notwendig. Sportarten wie Agility oder Treibball, bei denen spezielle Geräte notwendig sind, werden hier bewusst nicht weiter beschrieben. Zum einen soll dieses Buch dich dazu anleiten, dich direkt und ohne große vorherige Anschaffungen mit deinem Hund zu beschäftigen. Bis auf besondere Beuteobjekte als Belohnung, befinden sich alle weiteren Spielutensilien in der Regel in jedem Haushalt. Mein Hauptaspekt liegt zudem in der Beschäftigung des Hundes, um das gemeinsame Training, das Zusammenspiel sowie die Bindung zwischen Mensch und Hund zu fördern. Es soll daher bewusst nicht um Sportarten gehen, für die mittlerweile ganze Regelwerke existieren und bei denen der Wettkampf, das beste und schnellste Ergebnis im Vordergrund steht.

Die richtigen Spielideen finden

Nachdem du die ersten Kapitel des Buches gelesen und dich über die Voraussetzungen für den Aufbau von Beschäftigungsformen informiert hast, geht es im folgenden Kapitel mit der Beschreibung der zahlreichen Spielideen weiter. Blättere einfach einmal durch die nächsten Seiten und schaue dir die möglichen Spielideen an. In der Regel findest du die einfacheren Spielvarianten am Anfang einer Spielkategorie, die schwierigeren im hinteren Bereich. Such dir ein Spiel aus, das du interessant findest und das du gern einmal mit deinem Hund ausprobieren möchtest. Gerade Spielanfänger sollten mit den einfachen Spielen beginnen, bevor sie sich an komplexe Aufgaben herantrauen. Schneller Erfolg motiviert zum Weiterspielen.

Selbstbewusstsein kontra Orientierung

Wie bereits beschrieben (siehe S. 9 ff.), wird die Bindung und Beziehung zwischen dir und deinem Hund gefördert, wenn du deinen Hund entsprechend seiner Veranlagung beschäftigst. Eine gute Bindung zeichnet sich einerseits durch eine freiwillige und häufige Orientierung des Hundes am Menschen als Vertrauensperson aus, andererseits aber auch durch selbstständiges Erleben und Erkunden der Umwelt in Anwesenheit eines entspannten Menschen. Mithilfe von Beschäftigungsformen kannst du nicht nur deinen Hund entsprechend seiner Veranlagung fördern und artgerecht halten. Du kannst zudem entweder die Orientierung deines Hundes an dir fördern oder aber die Selbstständigkeit, das Selbstbewusstsein deines Hundes stärken.

Orientierung am Menschen

Der Hund, der im Familienverband lebt, soll sich an seinem Menschen orientieren, ihm vertrauen, sich durch seine Anwesenheit sicher fühlen. Dies erreichst du beispielsweise durch alltägliche Handlungen. Triffst du z. B. ein anderes Mensch-Hund-Team auf dem Spaziergang, kannst du als Erster Kontakt aufnehmen und diesen dadurch aus Sicht deines Hundes regeln. Später kannst du dann gegebenenfalls, wenn sich dein Hund unwohl oder bedrängt fühlt, auch reagieren und den anderen Hund auf Abstand halten oder wegschicken bzw. den Halter des Hundes bitten, ihn anzuleinen. Dies ist nur ein Beispiel für viele alltägliche Situationen, in denen der Hund erleben kann: „Vertraue mir, ich führe dich, wenn du dich an mir orientierst, kann dir nichts passieren.“ Oftmals handelt es sich dabei nur um Kleinigkeiten, die für den Hund jedoch eine große Bedeutung haben.

Auch wenn dein souveränes und vorausschauendes Verhalten im Alltag am wichtigsten ist, damit dein Hund lernt, sich an dir zu orientieren und dir zu vertrauen, kannst du das auch gezielt durch verschiedene Beschäftigungsformen unterstützen. Förderlich sind dabei alle Beschäftigungsformen, bei denen dein Hund auf dich achten muss und nur mit deiner Hilfe und deinen Anweisungen ans Ziel gelangt. Diese Beschäftigungsformen sind durch den Zusatz „Orientierung fördern“ gekennzeichnet.

Selbstbewusstsein stärken

Ein sehr wichtiger Bestandteil in der Entwicklung deines Hundes ist der Aufbau seines Selbstbewusstseins, die Selbstständigkeit. Ein Hund, der sich immer nur am Menschen orientiert und nie gelernt hat, Dinge selbst zu entscheiden und zu bewältigen, wird wenig Selbstvertrauen entwickeln. Daher solltest du deinem Hund gerade in der Zeit des Erwachsenwerdens, aber auch danach, immer wieder die Möglichkeit geben, Dinge eigenständig zu erkunden und Probleme selbst zu lösen. Denn gerade bei eher unsicher veranlagten Hunden kann es sonst sein, dass der normale Alltag mit seinen Anforderungen für diese Hunde zu einer ständigen und täglichen Belastung wird. Denn wir können nicht in jeder Sekunde für unseren Hund da sein, es wird immer Situationen geben, die ein Hund selbst regeln muss.

Beispiel: Die 2 Jahre alte Mischlingshündin Sally ist von jeher ein unsicherer Hund. Ihre Halterin Britta hat daher von Anfang an viel für Sally geregelt und ihr bei Unsicherheiten immer geholfen, indem sie sich Gegenstände, die Sally unheimlich fand, angeschaut und Erstkontakte mit Menschen und Hunden geregelt hat. Mittlerweile ist Sally im Umgang mit Menschen und Hunden entspannt, wenn Britta in ihrer Nähe ist und für sie den ersten Kontakt hergestellt hat. Sally entfernt sich auf dem Spaziergang auch nie weit von Britta, dennoch kommt es immer wieder vor, dass sie ein Stück weit vor ihr läuft. Auf einem der Spaziergänge kommt, als sich Sally wieder einmal vor Britta befindet, auf einmal aus einer Abbiegung im Wald ein Mann auf den Weg. Britta kann ihn nicht sehen, da die Kreuzung dicht mit Büschen bewachsen ist. Sally steht daher dem Mann auf einmal unmittelbar gegenüber und reagiert völlig verunsichert. Da sie nicht gelernt hat, mit solchen Situationen eigenständig umzugehen, zeigt sie sofort große Unsicherheit, zieht die Rute ein, legt die Ohren an und macht sich klein.

Bevor die Hunde miteinander Kontakt aufnehmen dürfen, begrüßen sich die Menschen und klären damit die Situation für beide Hunde. Diese warten entspannt hinter ihrem Menschen.

Der Mann, der Sallys Unsicherheit bemerkt und ihr helfen möchte, spricht sie mit den Worten „Ist doch alles gut, ich tue dir doch nichts!" an und hält ihr die Hand zum Beschnuppern hin. Das ist zu viel für Sally, panisch ergreift sie die Flucht. Da sie dabei an Britta vorbeiläuft, kann diese sie gerade noch am Geschirr greifen und anleinen. Sally beruhigt sich zwar schnell wieder, jedoch war die Situation für sie sehr unangenehm. Doch leider lassen sich solche alltäglichen Situationen nicht immer verhindern.

Es ist daher wichtig, Hunde gerade im ersten Lebensjahr, aber auch danach, immer wieder selbstständig handeln zu lassen, damit sie ausreichend Selbstsicherheit gewinnen können. Natürlich soll dein Hund nicht auf jeden Menschen oder Hund, der euch entgegenkommt, losschießen. Du schaust dir nach wie vor die Situation von Weitem an, und wenn du das Zusammentreffen als problemlos einschätzt, gibst du deinen Hund frei und erlaubst ihm immer wieder einmal, sich selbstständig zu nähern.

Diese Förderung des Selbstbewusstseins kannst du neben den alltäglichen Situationen auch gezielt mit verschiedenen Beschäftigungsformen unterstützen. Förderlich sind dabei alle Beschäftigungsformen, bei denen dein Hund ohne deine Hilfe und Anweisungen durch selbstständiges Handeln zum Ziel kommt. Die Beschäftigungsformen sind durch den Zusatz „Selbstbewusstsein stärken" gekennzeichnet.

Wichtig

Ausgewogenes Handeln

Im Alltag sollten sich Situationen, in denen der Hund dem Menschen vertrauen und sich an ihm orientieren muss, mit Situationen, in denen er selbstständig handeln und entscheiden darf, immer wieder abwechseln. Achte dabei darauf, dass das Verhältnis ausgewogen ist. Dabei ist es jedoch wichtig, die Veranlagung des eigenen Hundes zu kennen. Bei einem eher unsicheren Hund wird man diesem mehr Möglichkeiten geben, das Selbstbewusstsein zu stärken. Hat man einen Hund, der eher der Meinung ist, nichts und niemanden und schon gar nicht seinen Menschen zu brauchen, wird man ihm wenig Möglichkeit geben, selbstständig zu handeln. Diese Hunde müssen dann immer wieder erfahren, dass es besser ist, sich an ihrem Menschen zu orientieren.

Jack ist ein unsicherer Hund, der auf dem Spaziergang immer in der Nähe seines Menschen bleibt.

Beim Kontakt mit fremden Menschen weicht er zurück. Moni übernimmt dann für ihn den Erstkontakt.

Martin übt mit seiner Australian Shepherd-Mischlingshündin Emma das Signal „Sitz". Jeder Hund sollte dieses Grundsignal beherrschen.

Die Grundsignale – nichts anderes als Tricks

Die Grundsignale sind im Grunde genommen nichts anderes als Tricks. Sich hinsetzen, sich hinlegen, an einem Ort bleiben, zu einem anderen Hund hinlaufen oder auch neben diesem herlaufen sind zwar alles Verhaltensweisen, die Hunde auch von sich aus zeigen. Dennoch wird man im Wildhunderudel keinen Hund finden, der einen anderen Hund dazu auffordert, eine bestimmte Position wie „Sitz" oder „Platz" einzunehmen, genau neben ihm zu laufen oder auf ein Signal zu ihm zu kommen. Wenn ein Hund lernt, diese Verhaltensweisen aufgrund eines Signals des Menschen auszuführen, sind diese daher nichts anderes als Tricks, genauso wie Pfötchen geben. Da die Grundsignale Voraussetzung für die Durchführung vieler weiterer Tricks sind, möchte ich sie an dieser Stelle kurz beschreiben.

„Sitz"

Befindet sich dein Hund gerade in deiner unmittelbaren Nähe, dann hältst du ihm ein Futterstück über seine Nase. Lass ihn an deiner Hand schnüffeln und führe diese dann leicht nach oben. Warte einen Augenblick, bis dein Hund sich setzt. Genau dann, wenn er sein Hinterteil nach unten bewegt, belohnst du ihn mit dem Futterstück und einem verbalen Lob wie z. B. dem Wort „Prima". Im nächsten Schritt belohnst du deinen Hund erst dann, wenn er wirklich vollständig sitzt. Bist du dir nach einigen Übungen sicher, dass sich dein Hund hinsetzt, fügst du währenddessen als Hörzeichen z. B. das Signal „Sitz" hinzu. Nach einigen Wiederholungen hat dein Hund die Handlung „sich hinsetzen" mit dem Wort „Sitz" verknüpft und du kannst es als neuen Auslöser, als Signal für das Verhalten nutzen. Parallel zum Hörzeichen kannst du auch ein Sichtzeichen einführen, dies kann z. B. der erhobene Zeigefinger sein.

Emma, die Hündin von Martin, hat bereits einen guten Trainingsstand. Sie legt sich sofort hin, wenn Martin das Sichtzeichen für „Platz" bzw. „Down" gibt.

„Platz" oder „Down"

Signale sollten sich generell immer deutlich unterscheiden, damit dein Hund genau weiß, was du jeweils von ihm erwartest. Da sich die Signale „Sitz" und „Platz" sehr ähnlich anhören, kannst du als alternatives Signal für das Hinlegen z. B. auch das Wort „Down" verwenden. Nimm ein Futterstück zwischen Daumen und Zeigefinger der flach nach unten ausgestreckten Hand. Diese Handhaltung entspricht dem zukünftigen Sichtzeichen, das in der Regel für das Signal „Down" verwendet wird, nämlich die flach ausgestreckte, nach unten zeigende Hand. Für den Aufbau dieses Signals startest du am besten aus der Position „Sitz". Ruf deinen Hund zu dir und lass ihn vor dir sitzen. Führe nun die Hand mit dem Futterstück ganz langsam nach unten, sodass dein Hund der Hand mit seiner Nase folgen kann.

Je tiefer du die Hand hältst, desto mehr muss dein Hund mit seinem Körper nach unten gehen, bis er sich schließlich hinlegen wird. Achte darauf, deine Hand gerade nach unten zu führen. Ziehst du die Hand von deinem Hund weg, wird er nach vorn rutschen und du bringst ihm nicht das Hinlegen, sondern das Kriechen bei. Führst du die Hand zu weit in Richtung Hund, wird er sich wahrscheinlich bedrängt fühlen und aufstehen, anstatt sich hinzulegen. Sobald dein Hund den Boden berührt, öffnest du sofort die Hand und lässt ihn das Futterstück fressen.

Hat dein Hund verstanden, dass er sich bei dieser Übung hinlegen soll, kannst du als neues Signal für diese Übung z. B. das Hörzeichen „Down" hinzufügen. Wiederhole dies einige Male, bis dein Hund das Signalwort als neuen Auslöser für die Übung erlernt hat.

„Bleib“

Dein Hund soll lernen, für längere Zeit sitzen oder liegen zu bleiben, auch wenn du dich entfernst. Hierzu nimmst du im ersten Schritt mehrere Futterstücke in die Hand und fütterst deinem Hund diese nacheinander, während er vor dir sitzt. Dann beendest du die Übung, indem du einen Schritt auf deinen Hund zugehst und ihm mit einem Handzeichen und z. B. dem Hörzeichen „Lauf“ signalisierst, dass er aufstehen darf. Nun beginnt das eigentliche Training für das Signal „Bleib“: Du beginnst zunächst, dich ein wenig auf der Stelle zu bewegen. Bleibt dein Hund dabei ruhig sitzen, entfernst du dich einen halben Schritt von ihm. Gehe dann sofort wieder zu deinem Hund zurück und belohne ihn. Schritt für Schritt kannst du jetzt die Entfernung zu deinem Hund steigern. Zudem kannst du das Hörzeichen „Bleib“ sowie ein Sichtzeichen wie z. B. die senkrecht gehaltene flache Hand hinzufügen. Steht dein Hund doch einmal auf, bringst du ihn wieder an die Stelle zurück, an der er bleiben sollte und startest die Übung von vorn. Verringere dieses Mal aber die Distanz.

„Hier“

Sprich deinen Hund im Freilauf mit seinem Namen an. Er sollte dabei nicht gerade intensiv mit einer anderen Tätigkeit, wie z. B. dem Verfolgen einer Spur oder dem Buddeln in einem Mauseloch, beschäftigt sein. Wenn er dich daraufhin anschaut, lockst du ihn zu dir, indem du z. B. schnalzt oder dich hinhockst. Du solltest in deiner Hand bereits ein Futterstück verborgen halten, das dein Hund bekommt, wenn er bei dir angekommen ist. Danach gibst du ihn mit dem Signal „Lauf“ wieder frei.

Im nächsten Schritt fügst du z. B. das Hörzeichen „Hier“ hinzu. Dieses gibst du deinem Hund anfangs kurz bevor er bei dir angekommen ist. So kannst du sicher sein, dass er das Signal nicht ignoriert, weil er unterwegs vielleicht noch etwas Spannendes in die Nase bekommen hat. Parallel dazu kannst du als Sichtzeichen die geschlossene Faust, in der dein Futterstück verborgen ist, von unten nach oben an deiner Brust entlang führen. Schritt für Schritt gibst du das Hör- und Sichtzeichen nun immer früher, bis dein Hund gelernt hat, auf dieses Signal zu dir zu kommen.

Emma bleibt brav sitzen, wenn Martin ihr das Sichtzeichen für „Bleib“ gibt.

Gibt Martin das Signal für „Hier“, läuft Emma auf dem schnellsten Weg zu ihm.

Emma läuft bereits sicher ohne Leine auch für eine längere Strecke neben Martin her, wenn dieser ihr das Signal „Fuß“ gibt. Aufmerksam achtet sie dabei darauf, in welche Richtung er geht.

„Fuß“

Beim Signal „Fuß“ soll dein Hund lernen, in kurzem Abstand neben dir zu laufen. Du kannst das Signal sowohl mit als auch ohne Leine trainieren. Beginne das Training damit, dass du deinem Hund zunächst beibringst, dich bei einem Signal wie z. B. einem Schnalzen oder dem Wort „Schau“ anzuschauen (siehe auch S. 39 f.). Warte, bis dein Hund aufmerksam ist, gib dann das neue Signal und belohne ihn mit einem Futterbrocken, wenn er dich anschaut. Wiederhole die Übung einige Male, bis dein Hund dich auf das Signal erwartungsvoll anschaut. Dieses Signal verwendest du nun immer beim Start sowie bei jedem Richtungswechsel.

Nun beginnt das eigentliche Training: Gib deinem Hund das neue Signal. Schaut er dich an, läufst du einen Schritt geradeaus und forderst deinen Hund auf, dir zu folgen. Bleibt er bei dir, belohnst du ihn mit einem Futterstück. Schritt für Schritt kannst du nun die Strecke verlängern, bis dein Hund verstanden hat, dass er bei dieser Übung neben dir laufen soll. Füge nun ein Signal wie z. B. das Wort „Fuß“ hinzu. Im nächsten Schritt läufst du nicht mehr nur eine gerade Strecke, sondern fügst auch einmal einen Winkel ein. Führe den Winkel dabei sowohl von deinem Hund weg als auch auf ihn zu aus. Denke daran, dass es für deinen Hund eher langweilig ist, immer eine sehr lange Strecke geradeaus zu laufen. Je länger dein Hund mit dem Signal „Fuß“ an deiner Seite laufen soll, desto interessanter musst du die Strecke gestalten, indem du Winkel, Bögen oder Wendungen einbaust. Nur so kannst du seine Aufmerksamkeit aufrechterhalten.

Beutespiele: Im Fokus des Jägers

Hunde sind Beutegreifer, „Beute machen" ist für sie ein natürliches und arttypisches Verhalten. Daher sind die meisten Hunde für Beutespiele schnell zu begeistern. Da es bei der Jagd auch um das Verfolgen von Beute und damit um Bewegung geht, haben Beutespiele gerade bei fortgeschrittenen Übungen immer auch eine Bewegungsintention.

Apportieren

→ Orientierung fördern

Beim Apportieren soll der Hund ein Beuteobjekt aufnehmen und zum Menschen zurückbringen. Apportieren kommt vom lateinischen Wort *apportare,* was so viel wie „herbeitragen" bedeutet.

Damit handelt es sich beim Apportieren wie eigentlich bei den meisten Beschäftigungsformen um einen Trick. Natürlich ist das Auffinden, Aufnehmen und Tragen von Beute ein natürliches, arttypisches Verhalten. Jedoch ist es in der Natur eher selten der Fall, dass ein Hund Beute, die er gefunden hat, einem anderen Gruppenmitglied bringt und diesem überlässt. Gemeinsam erlegte Beute wird natürlich gemeinsam gefressen und sicher kommt es auch ab und zu vor, dass einem Hund seine Beute durch ein anderes Gruppenmitglied streitig gemacht wird, freiwillig gibt dieser seine Beute aber nicht her. Die einzige Ausnahme ist hier in der Versorgung der Welpen zu sehen. Diese werden von der Mutterhündin und oft auch von den anderen Familienmitgliedern ab etwa der vierten Woche mit Nahrung versorgt. Der Hund muss beim Apportieren also lernen, seinem Menschen die begehrte Beute zu bringen und abzugeben, denn nur so geht das tolle Spiel weiter. Daher ist diese Beschäftigungsform gut geeignet, die Orientierung am Menschen zu fördern.

Der Apportiergegenstand

Die meisten Hunde haben Interesse an Beute, man muss nur herausfinden, welche Beute sie am spannendsten finden. Die Auswahl an Hundespielzeug ist mittlerweile riesig, geeignet ist daher

Pinscher-Rüde Easy verfolgt begeistert die Beute, die Vera vor ihm auf dem Boden hin und her bewegt.

Janeiro liebt Apportierspiele mit dem Kong Safestix®, einem länglichen Gegenstand, ähnlich einem Stock.

Bälle sollten immer so groß sein, dass sie vom Hund nicht verschluckt werden können.

zunächst einmal Spielzeug, das speziell für Hunde entwickelt wurde. Selbstverständlich sollte dieses keine scharfen Kanten und Ecken haben, an denen sich der Hund verletzen kann. Je nach Trainingsstand und Charakter des Hundes sollte es zudem robust, also bissfest, sein, damit du und dein Hund lange Freude an dem Spielzeug haben.

Zudem muss das Spielzeug immer an die Größe deines Hundes angepasst sein. Ein kleiner Ball kann von einem großen Hund schnell im Eifer des Gefechts verschluckt werden. Die Gefahr, dass der Ball in der Speiseröhre stecken bleibt und der Hund innerhalb von wenigen Minuten erstickt und stirbt, ist dabei groß. Daher solltest du gerade bei Bällen immer darauf achten, dass der Ball so groß ist, dass dein Hund ihn gerade noch ins Maul nehmen kann. Bei kleineren Bällen solltest du einen Ball mit Schnur wählen, so hast du im Notfall immer noch die Möglichkeit, die Schnur zu fassen und den Ball herauszuziehen.

Stöckchen sind tabu!

Glücklicherweise hat es sich unter Hundehaltern mittlerweile herumgesprochen, dass ein Stöckchen kein alternatives Spielzeug für Hunde ist. Gerade für Apportierspiele sind Stöckchen besonders ungeeignet. Wirft man den Stock, kann es passieren, dass dieser mit einem Ende im weichen Boden steckenbleibt. Der Hund, der dem Stock hinterherjagt, kann oft nicht mehr rechtzeitig ausweichen. Er schnappt nach dem Stock, erwischt dabei das nach oben in die Luft ragende spitze Ende, das sich im unglücklichsten Fall mitten in seinen Rachen bohrt. Nicht wenige Hunde haben dadurch schwere Verletzungen erlitten, an denen einige sogar gestorben sind. Aber auch beim Tragen des Stocks kann es zu Verletzungen kommen, wenn der Hund mit einem Ende irgendwo hängen oder stecken bleibt. Der Stock kann zudem brechen und splittern und den Hund so im Maulbereich verletzen. Also, Finger weg vom Stöckchen! Liebt dein Hund längliche Gegenstände, gibt es hier zahlreiche Alternativen. Die einfachste und billigste Variante ist ein Gartenschlauch. Schneide dazu einfach ein ca. 20 – 30 cm langes Stück vom Ende deines Gartenschlauches ab. Dieses wird dir im Garten kaum fehlen, dein Hund wird sich über das neue Spielzeug jedoch bestimmt freuen. Natürlich kannst du stockähnliche Apportiergegenstände auch im Handel erwerben. Achte darauf, dass diese, ähnlich wie z. B. der Kong Safestix®, flexibel und biegbar sind, aus robustem, also bissfestem Kunststoff bestehen und im Idealfall auch schwimmen und damit für Apportierspiele im Wasser geeignet sind. Dann steht deinem „Kunst-Stöckchen-Spiel" nichts mehr im Weg.

Auswahl des Apportiergegenstandes

Um herauszufinden, welchen Gegenstand dein Hund favorisiert, kannst du einfach eine Auswahl an unterschiedlichsten Gegenständen kaufen und ausprobieren, wie dein Hund reagiert, wenn du ihm diese wirfst.

Längliche Gegenstände wie z. B. eine Beißwurst oder ein Dummy sind für viele Hunde uninteressant, vor allem dann, wenn diese auf dem Boden gelandet sind. Denn diese Spielzeuge bleiben meist direkt nach der Landung auf dem Boden liegen, sie rollen oder hüpfen nicht weiter. Für den Hund ist Beute aber dann besonders spannend, wenn sie sich bewegt, dynamisch und damit „lebendig" ist. „Tote", also am Boden liegende Beute ist dagegen oft uninteressant. Daher finden viele Hunde Bälle deutlich interessanter, da diese auf dem Boden auftitschen und dann weiterrollen bzw. weiterhüpfen. Noch spannender wird es, wenn der Gegenstand nicht etwa wie ein Ball eine symmetrische Form hat, sondern unregelmäßig geformt ist. Diese Gegenstände hüpfen nämlich unberechenbar weiter, mal springen sie nach rechts, mal nach links weg, mal weit, mal weniger weit. Damit verhalten sie sich ähnlich wie z. B. ein Hase auf der Flucht und sind für Hunde somit eine adäquate Beute.

Anouk liebt Apportierspiele mit dem Kong®, der unberechenbar durch die Gegend hüpft und ständig die Richtung ändert.

Um einen Apportiergegenstand noch mehr an eine natürliche Beute anzupassen, gibt es mittlerweile viele verschiedene Bälle, Dummys etc., die mit Fell umwickelt sind. Neben dem Geruch nach Wild kommt hier vor allem die haptische Qualität des Gegenstandes zum Tragen, der Kontakt mit dem Fell. Bevor du dir jetzt Sorgen machst: Diese Felle sind in der Regel Abfallprodukte, die bei der Verwertung von Kaninchen oder anderen Wildtieren auf der Jagd entstehen. Du musst dir also keine Gedanken darüber machen, dass nur für die Befriedigung der Leidenschaft deines Hundes ein Tier sterben musste.

Viele Menschen können leider nicht wirklich weit werfen. Da hast du deinen Hund nun also motiviert, hinter der Beute herzulaufen, er ist schon ganz aufgeregt, du wirfst, und ... das Spielzeug landet keine drei Meter vor dir auf dem Boden. Dass ein Hund eine solche Distanz nicht wirklich spannend findet, ist gut nachzuvollziehen. Manche Hunde schauen in diesem Fall ihren Menschen mit einem Blick an, als wollten sie sagen: „Das ist jetzt nicht dein Ernst ... Der liegt doch direkt vor dir, warum soll ich den denn noch holen?“ Abhilfe schaffen hier Gegenstände, an denen eine Schnur befestigt ist. Je länger die Schnur ist, desto besser kannst du den Gegenstand werfen und desto weiter fliegt er. Natürlich darf die Schnur auch nicht zu lang sein, denn dein Hund soll ja beim Zurückbringen nicht darüber stolpern. Je nach Größe des Hundes hat sich eine Schnurlänge von ca. 20 bis 30 cm als gut erwiesen.

Verfolgt dein Hund alle diese Gegenstände jedoch nur mit einem verständnislosen Blick und hält sich seine Begeisterung deutlich in Grenzen, gibt es noch die Variante der befüllbaren Gegenstände. Der bekannteste Apportiergegenstand dieser Kategorie ist wohl der Futterbeutel, ein Nylon- oder Stoffbeutel, der mit einem Reißverschluss versehen ist und so mit Futter oder anderen Leckereien gefüllt werden kann. Viele Hunde werden durch den Geruch des Futters motiviert, den Gegenstand zu verfolgen und ins Maul zu nehmen. Bekommt der Hund dann noch einen Futterbrocken aus dem Futterbeutel zur Belohnung, ist die Begeisterung meist groß, das Interesse an Apportierspielen geweckt.

Die Europäische Schlittenhündin Myla findet den mit Fell überzogenen Futterbeutel sehr spannend.

Kuzco apportiert leidenschaftlich gern seinen Futterbeutel, da er daraus ein Futterstück erhält.

Aufbau der ersten Apportierübung

Die meisten Hunde finden Beute spannend und verfolgen diese sofort. Natürlich kannst du jetzt einfach einmal einen Ball nehmen, diesen deinem Hund zeigen und ihn werfen. Vielleicht läuft dein Hund nun freudig dem Ball hinterher, nimmt ihn auch auf und … rennt dann vermutlich erst einmal damit herum. Die wenigsten Hunde kommen mit Beute direkt zum Menschen zurück. Als Ausnahme sind hier die Retriever zu nennen. Da bei diesen Rassen jahrzehntelang auf gute Apportierleistung selektiert wurde, kommen diese oftmals bereits als Welpe, einfach nur auf ein kurzes Locken, mit der Beute zum Menschen zurück und geben diese gern ab. Gehört dein Hund jedoch nicht zu dieser Kategorie, ist es sehr müßig, ihm die Beute, wenn er sie einmal hat, wieder abzujagen. Hinterherlaufen führt in der Regel dazu, dass dein Hund dies als lustige und willkommene Spieleinlage deinerseits ansieht, auf die er mit Begeisterung eingehen wird. Und du kannst fast immer sicher sein: Dein Hund wird schneller sein als du! In einem solchen Fall kannst du versuchen, deinen Hund mit Futter abzulenken. Nimm ein besonderes Futterstück heraus, zeige es ihm und wirf es in deiner Nähe auf den Boden. Um das Futter zu fressen, muss dein Hund den Gegenstand fallen lassen. Bist du nun schnell genug, kannst du diesen aufheben, bevor dein Hund ihn sich wieder schnappt.

Alternativ kannst du auch versuchen, deinen Hund mit einem anderen Gegenstand zu dir zu locken, in der Hoffnung, dass er seinen Gegenstand fallen lässt und du diesen dann aufheben kannst. Oftmals funktioniert diese Variante jedoch nicht so gut, da du den zweiten Gegenstand natürlich nicht werfen kannst, sonst gelangt auch dieser in Besitz deines Hundes. Sollte keiner dieser Tipps Erfolg bringen, nimm dir einfach einen Stuhl oder setz dich auf eine Decke und warte. Ignoriere deinen Hund, versuch also nicht, ihn zu fangen, sprich ihn nicht an oder versuche ihn zu locken, schau ihn nicht einmal an. Am besten holst du ein Buch heraus und beginnst zu lesen. Deinem Hund wird

Christina ignoriert das Verhalten von Ava und wartet, bis diese die Beute uninteressant findet.

in der Regel schnell der Spaß an der Beute vergehen, denn wenn sich kein anderer mehr dafür interessiert, wird das Spiel langweilig. Hat dein Hund die Beute fallen gelassen und sich für eine längere Zeit nicht mehr dafür interessiert, rufst du ihn zu dir und leinst ihn an. Nun kannst du ganz entspannt das Spielzeug aufheben.

Apportieren mit Schleppleine

Damit dir diese Fehler nicht unterlaufen, solltest du an die erste Apportierübung anders herangehen. Dazu benötigst du ein gut sitzendes Geschirr für deinen Hund sowie eine Schleppleine. Die Schleppleine sollte aus einem breiten, griffigen Material wie z. B. Leder oder Biothane sein, damit du dich nicht daran verletzt, wenn sie dir durch die Hand gleitet. Die Schleppleine wird nun am Geschirr deines Hundes befestigt. Würdest du sie am Halsband

Stephanie motiviert ihren Beagle-Rüden Paul, dem Futterbeutel hinterherzulaufen.

befestigen, besteht die Gefahr, dass sich dein Hund an der Halswirbelsäule verletzt. Solltest du nämlich doch einmal weiter als beabsichtigt werfen, würde dein Hund mit hohem Tempo in die Schleppleine laufen und könnte sich dabei verletzen.

Nimm den Gegenstand in die Hand und mach deinen Hund darauf aufmerksam. Motiviere ihn, dem Gegenstand hinterherzulaufen, indem du diesen in kurzen Schwüngen auf dem Boden vor ihm wegziehst. An dieser Stelle erfolgt oftmals der erste Fehler: Menschen haben das Bedürfnis, das Spielzeug möglichst nahe zum Hund zu bringen, um ihn zu motivieren, hineinzubeißen. In der Natur gibt es aber keinen Hasen, der Richtung Jäger läuft. Beute entfernt sich immer vom Jäger. Gehe daher auf keinen Fall mit dem Gegenstand auf deinen Hund zu, denn damit erreichst du das Gegenteil, dein Hund wird der Beute ausweichen, er wird sie eher komisch finden und wenig motiviert sein.

Ist dein Hund motiviert und springt dem Spielzeug hinterher, kannst du es werfen. Achte dabei darauf, dass du anfangs noch nicht zu weit wirfst, allerdings sollte der Gegenstand auch nicht nur zwei Meter vor dir landen. Zudem muss dein Hund den Wurf verfolgen können, er muss erst einmal lernen, was die Wurfbewegung bedeutet. Wenn du daher in einem Augenblick loslässt, in dem dein Hund gerade in die entgegengesetzte Richtung schaut, wird er dich vermutlich verständnislos anschauen und deine „Zauberei" nicht verstehen. Für ihn ist das Spielzeug auf einmal verschwunden… Hat dein Hund den Wurf beobachtet und läuft nun hinterher, lässt du die Schleppleine einfach durch deine offene Hand gleiten. Dazu solltest du sie vorab schon ohne Schlingen und Schlaufen hinter

Paul läuft begeistert hinter dem Futterbeutel her, Stephanie sichert ihn dabei durch eine Schleppleine.

dir ausgelegt haben. Ist die Schleppleine noch verwickelt, bleibt leicht eine Schlaufe in deiner Hand hängen, sodass entweder du dich schwer verletzen kannst oder aber dein Hund einen unangenehmen Ruck erfährt. Dies solltest du in jedem Fall vermeiden, denn gerade am Anfang könnte dein Hund einen solchen Ruck als Korrektur auffassen und dies mit dem Hinterherlaufen des Gegenstandes verknüpfen. Auch wenn du versehentlich zu weit wirfst, vermeide bitte, das Ende der Schleppleine festzuhalten. Lass es einfach durch deine Hand gleiten. Sobald dein Hund beim Spielzeug angekommen ist, kannst du entspannt ein paar Schritte nach vorn gehen und das Ende der Schleppleine wieder aufnehmen.

Ist dein Hund am Spielzeug angekommen, dann beobachtest du ihn genau. Im Idealfall nimmt er das Spielzeug ins Maul. Jetzt ist dein Einsatz gefragt. Locke ihn zu dir, indem du ihn z. B. ansprichst, dich hinhockst, ein paar Schritte rückwärts läufst. Die Schleppleine ist dabei nur dafür da, deinen Hund einzusammeln. In dem Augenblick, in dem er einige Schritte auf dich zuläuft, verkürzt du daher die Schleppleine, sodass er sich nicht mehr weiter entfernen kann. Bitte nutze die Schleppleine nicht dafür, um deinen Hund heranzuziehen. Diese Einwirkung ist für den Hund unangenehm und führt meist dazu, dass er Widerstand leistet und sich erst recht entfernen möchte. Du möchtest aber ja über positive Verstärkung trainieren. Daher belohnst du deinen Hund dafür, dass er von sich aus in deine Richtung kommt. Will er sich entfernen, hältst du die Schleppleine einfach ganz ruhig fest und wartest. Sprich ihn dann wieder an und locke ihn zu dir. Aber Vorsicht, hol dabei noch kein Futterstück aus deiner Tasche, das gibt es erst, wenn dein Hund bei dir angekommen ist. Viele Hunde lassen nämlich beim Anblick des Futters das Spielzeug sofort fallen und kommen zum Menschen gelaufen. Ist dein Hund mit dem Spielzeug bei dir angekommen, kannst du das Futterstück herausholen und ihn für das Bringen belohnen.

Sollte dein Hund Beute nicht so gern hergeben, kannst du einfach ein besonders begehrtes Futterstück wie z. B. ein Stück Fleisch nutzen. Hab Geduld und halte die Schleppleine ruhig. Da nichts weiter passiert, wird sich dein Hund irgendwann dafür entscheiden, das Futter anzunehmen. In diesem Augenblick fasst du den Gegenstand an und nimmst ihn deinem Hund ab. Fügst du nun noch das Signal „Aus“ hinzu, lernt dein Hund schnell, dass er auf dieses Signal den Apportiergegenstand abgeben soll.

Als Paul mit dem Futterbeutel zu ihr läuft, verkürzt sie die Schleppleine Stück für Stück.

Bei ihr angekommen, erhält Paul eine Futterbelohnung aus dem Futterbeutel. Das Apportieren hat sich gelohnt!

Jack hat keine Idee, was er mit dem Ball machen soll. Als Moni ihn motiviert, berührt er ihn mit der Pfote.

Bei Hunden, die den Gegenstand nicht direkt ins Maul nehmen, muss das Training in noch kleineren Schritten erfolgen. Läuft dein Hund zum Spielzeug und schnuppert daran, freue dich darüber und lobe ihn. Gehe dann ruhig zu ihm und belohne ihn zusätzlich noch mit einem Futterstück. Wiederhole dann die Übung und steigere nach einigen Wiederholungen die Schwierigkeit. Dein Hund soll sich nun intensiver mit dem Spielzeug beschäftigen, es vielleicht einmal mit der Pfote berühren, im nächs-

Emma bleibt ruhig sitzen, während Martin sich von ihr entfernt und den Futterbeutel auswirft.

Martin geht zu Emma zurück. Diese bekommt für das ruhige Warten eine begehrte Futterbelohnung.

ten Schritt kurz ins Maul nehmen. Danach steigerst du Schritt für Schritt die Distanz, die er mit dem Spielzeug im Maul in deine Richtung kommen muss, bevor es die Belohnung gibt.

Einführung eines Signals

Hat dein Hund die Übung verstanden, kannst du nun noch ein Signal für das Apportieren hinzufügen. Dieses benötigst du später für alle weiterführenden Übungen. Ob du dabei das Wort „Bring", „Hol" oder „Apport" verwendest, bleibt dir überlassen. Das ausgewählte Hörzeichen gibst du deinem Hund nun in dem Augenblick, in dem du den Gegenstand wirfst und er hinterherläuft. Du brauchst das Signal dann nicht noch einmal wiederholen. Auch benötigst du nur ein einziges Signal, denn du hast deinem Hund ja eine Handlungskette beigebracht. Er soll zum Gegenstand laufen, diesen aufnehmen und zu dir zurückbringen. Manche schicken ihren Hund mit dem Wort „Hol" zum Gegenstand, dort angekommen wird ein weiteres Signalwort, meist „Bring", verwendet. Dies ist aber eigentlich unnötig.

Steadiness – Warten lernen

Einfach nur einem Gegenstand hinterherrennen und diesen dann zurückbringen wird auf Dauer für jeden Hund langweilig. Zudem führt es gerade bei schnell erregbaren Hunden dazu, dass diese zum Junkie werden. Die ständige dynamische Aktion lässt den Hund geradezu in einen Rausch fallen, sodass er schnell nichts anderes mehr wahrnimmt. Bald schon löst allein der Anblick des begehrten Spielzeuges diese Reaktion aus, der Hund fixiert den Gegenstand und ist weder ansprechbar noch bemerkt er irgendetwas um sich herum. Da dies auf gar keinen Fall Ziel eines Trainings sein sollte, muss dein Hund lernen, entspannt zu warten, wenn du einen Gegenstand wirfst. Erst auf dein Signal darf er loslaufen und den Gegenstand apportieren. So bleibt er auf dich konzentriert, achtet auf deine Anweisungen und ist jederzeit ansprechbar. Damit wird das gemeinsame Spiel mit dir zum Highlight für ihn, und nicht ein lebloser Gegenstand.

Damit dein Hund sitzen bleibt, wenn du einen Gegenstand wirfst, musst du zunächst mit ihm trainieren, dass er auch ohne Ablenkung für eine längere Zeit sitzen bleibt und wartet (siehe Grundsignale, S. 55 ff.). Nimm nun den Gegenstand in die Hand und entferne dich von deinem Hund. Bleibt er dabei brav sitzen, gehst du zu ihm zurück und belohnst ihn dafür. Im nächsten Schritt entfernst du dich wieder einige Meter von ihm und legst nun das Spielzeug auf den Boden. Gehe zu deinem Hund zurück und belohne ihn erst einmal mit einem Futterstück dafür, dass er sitzengeblieben ist. Erst dann schickst du ihn zum Gegenstand, den er nun apportieren darf.

Danach schickt Martin Emma mit dem Signal „Bring" und einem deutlichen Handzeichen in Richtung Futterbeutel.

Emma läuft begeistert los, nimmt den Futterbeutel auf und bringt ihn auf direktem Weg zu Martin zurück.

Michaela zeigt Alma, welches der beiden Dummys diese holen soll.

Alma läuft freudig los und bringt das richtige Dummy zu Michaela.

Achte in diesem Trainingsschritt bereits darauf, dass du unvorhersehbar für deinen Hund bleibst. Dein Hund darf nie wissen, was als Nächstes kommt, da er sonst dazu neigen wird, deine Signale schon vorwegzunehmen. So kannst du z. B. auch, nachdem du deinen Hund belohnt hast, diesem erneut das Signal zum Bleiben geben, um dann zum Gegenstand zurückzugehen und diesen wieder aufzuheben. Nicht jede Übung endet also damit, dass dein Hund den Gegenstand auch tatsächlich apportieren darf. Alternativ kannst du den Gegenstand auch direkt, nachdem du ihn abgelegt hast, wieder aufheben. In den nächsten Übungsschritten steigerst du den Reiz, indem du den Gegenstand nun nicht mehr auf den Boden legst, sondern fallen lässt und danach auch ein kleines Stück wirfst.

Alma bleibt entspannt sitzen, obwohl Michaela direkt neben ihr steht, während sie das Dummy wirft.

Michaela steht für diese Übung genau zwischen den beiden Dummys.

So verhindert sie, dass Alma auf dem Rückweg direkt zum zweiten Dummy läuft.

Mach noch keine extreme Wurfbewegung, da diese deinen Hund vermutlich dazu veranlassen wird durchzustarten. Wirf anfangs auch immer in die entgegengesetzte Richtung, also von deinem Hund weg. Da du dich ja momentan immer noch einige Meter von deinem Hund entfernt befindest, wenn du das Spielzeug wirfst, musst du dich nun noch ihm nähern. Gehe dabei schrittweise vor und bleib Übung für Übung immer näher bei deinem Hund stehen, bis du schließlich direkt neben ihm stehend das Spielzeug werfen kannst. Gerade bei stark beuteorientierten Hunden solltest du weiterhin unvorhersehbar bleiben und immer wieder einmal den Gegenstand selbst holen. Beobachte deinen Hund genau. Hat er beim Wurf schon gezuckt und konnte sich gerade noch so zurückhalten? Dann hole das Spielzeug dieses Mal lieber selbst. Ist dein Hund entspannt und ruhig sitzen geblieben, darf er selbst hinterherlaufen und das Spielzeug zurückbringen.

Als weitere Variante für das Training der Steadiness kannst du auch mehrere Gegenstände hintereinander auswerfen, die du danach – bis auf einen – wieder einsammelst. Den letzten Gegenstand darf dein Hund dann zur Belohnung für die lange Wartezeit apportieren.

Mehrere Gegenstände

Dein Hund hat nun gelernt, dass du auch einmal mehrere Gegenstände wirfst. Um das Training noch spannender und interessanter zu machen, soll er jetzt lernen, genau den Gegenstand zu bringen, auf den du zeigst, auch wenn noch ein weiterer oder mehrere weitere Gegenstände auf dem Boden verteilt liegen. Beginne zunächst einmal mit zwei Gegenständen. Wirf diese in einem 180-Grad-Winkel von deinem Hund aus nacheinander weg. Schick nun deinen Hund mit einem deutlichen Handzeichen in Richtung des gewünschten Gegenstandes. Du kannst deinem Hund auch helfen, indem du ihn genau in die Blickrichtung des zu apportierenden Gegenstandes setzt. In dem Augenblick, in dem dein Hund den Gegenstand aufgenommen hat, lobst du ihn und lockst ihn zu dir. Einige Hunde wollen nun mit dem ersten Spielzeug im Maul in Richtung des zweiten Gegenstandes laufen. Aus diesem Grund stehst du genau zwischen den beiden Gegenständen, da dein Hund so an dir vorbeilaufen muss. Nimm deinen Hund für die ersten Übungen mit mehreren Gegenständen wieder an die Schleppleine. So kannst du diese verkürzen, wenn dein Hund sich – auf dem Weg zum zweiten Gegenstand – in deine Richtung bewegt. Er landet dadurch automatisch bei dir und du kannst ihn erst einmal für diese erste Apportierübung belohnen. Setz ihn dann wieder neben dich, dieses Mal in Blickrichtung des zweiten Gegenstandes. Zeige mit einem deutlichen Handzeichen in Richtung Apportiergegenstand, denn einige Hunde können sich anfangs nicht merken, wo der zweite Gegenstand liegt. Auf dein Signal, z. B. „Bring“, darf dein Hund nun auch den zweiten Gegenstand apportieren.

Golden Retriever-Hündin Alma ist bereits ein Apportierprofi. Sie läuft ganz nah am Dummy vorbei zu Michaela, bevor diese sie dann zum Dummy schickt.

Signalkontrolle

Hat dein Hund gelernt, ruhig zu sitzen und zu warten, bis du ihn schickst, kannst du noch weitere Varianten in dein Training einfügen.

Warten und Abrufen

Für diese Übung sollte dein Hund bereits sicher auf ein Hör- oder Sichtzeichen zu dir kommen (siehe S. 57). Wirf das Spielzeug von deinem Hund weg. Dann gibst du ihm das Signal zum Bleiben und entfernst dich in einem größeren Winkel zum Spielzeug von ihm. Ruf deinen Hund zu dir. Anfangs solltest du dich noch nicht zu weit von deinem Hund entfernen, der Weg zu dir sollte in jedem Fall kürzer als der Weg zum Spielzeug sein. Ruhig sitzen und warten fällt vielen Hunden noch leicht. Sich dynamisch und schnell in Richtung der Beute bewegen, diese aber dennoch liegen zu lassen, ist dagegen viel schwieriger. Belohne deinen Hund daher für das Kommen mit einer besonders leckeren Belohnung. Am besten lässt du ihn erst noch sitzen, bevor er die Belohnung bekommt, da viele Hunde direkt danach zum Gegenstand weiterrennen. Du kannst die Schwierigkeit steigern, indem du die Distanz zu deinem Hund immer weiter vergrößerst und den Winkel zum Gegenstand immer mehr verkleinerst, bis dein Hund am Ende auf dem Weg zu dir fast über den Gegenstand laufen muss.

Mein Tipp

Weitere Signale

Um die Abwechslung weiter auszubauen, kannst du sämtliche Signale, die dein Hund bereits kann, in das Apportiertraining mit einbauen. So kannst du dich z. B. nach dem Wurf des Gegenstandes von deinem Hund entfernen und diesem aus der Distanz die Signale zum Hinlegen oder Hinstellen geben, bevor er dann entweder das Spielzeug apportieren darf oder aber erst noch zu dir kommen muss. Du kannst vor dem Apportieren z. B. auch einen Trick verlangen oder deinen Hund um einen Baumstamm herumschicken. Sei kreativ, es gibt hier unendlich viele Möglichkeiten.

Distanz aufbauen

Beherrscht dein Hund das Signal „Fuß“ (siehe S. 58), kannst du z. B. auch einen Gegenstand auswerfen und dich gemeinsam mit deinem Hund vom Gegenstand entfernen. So kannst du die Distanz, die dein Hund bewältigen muss, vergrößern und deutlich mehr Bewegungsaspekte in das Training mit einbringen. Die Distanz solltest du allerdings nur Schritt für Schritt steigern. Dein Hund muss erst lernen, sich die Stelle, an der der Gegenstand gelandet ist, zu merken. Er muss lernen, den Weg, den du dich mit ihm vom Spielzeug entfernt hast, zu der Wurfdistanz hinzuzufügen. Hilfreich ist hier, wenn du den Gegenstand anfangs an einen markanten Punkt, also z. B. an einen Baum oder Strauch mitten auf einer Wiese, wirfst. So kann sich dein Hund die Fallstelle des Gegenstandes besser einprägen und merken. Anfangs gehst du zudem jedes Mal erneut mit deinem Hund zu diesem Punkt und wirfst einen Gegenstand an die markante Stelle. Später kannst du auch mehrere Gegenstände dorthin werfen und deinen Hund so mehrmals hintereinander schicken. Mit ein wenig Übung kann dein Hund so lernen, Distanzen von 150 Meter bis zum Apportiergegenstand zu laufen. Hast du einen apportierfreudigen Hund, kannst du auch zwei oder mehr Stellen aufbauen, die dein Hund sich merken muss. Lauf zunächst nacheinander die Stellen ab und wirf die Gegenstände aus. Danach stelle dich in die Mitte und schicke deinen Hund an die unterschiedlichen Punkte. Achte dabei darauf, dass die Winkel zwischen den Gegenständen anfangs nicht zu klein sind, damit du ihn deutlich in eine Richtung schicken kannst.

Michaela wirft das Dummy an einen auf einer Wiese stehenden Baum, sodass Alma sich die Stelle gut merken kann.

Nun vergrößert Michaela die Entfernung zum Dummy, indem sie sich mit Alma „bei Fuß“ einige Schritte entfernt.

Ein Helfer wirft am anderen Ende der Wiese ein Dummy. Jamie merkt sich die Fallstelle.

Training mit Helfer

Eine andere Variante, um Distanz im Apportiertraining aufzubauen, ist das Training mit Helfer. Bitte einen Helfer, dir und deinem Hund ein Spielzeug zu werfen. Du stehst anfangs mit deinem Hund nicht allzu weit vom Helfer entfernt, dein Hund sitzt neben dir. Beobachte ihn dabei genau, denn es kann sein, dass du zunächst trainieren musst, dass dein Hund ruhig sitzen bleibt, wenn ein anderer Mensch sein Spielzeug wirft. Viele Hunde bleiben ganz ruhig sitzen, solange der eigene Mensch das Spielzeug trägt oder wirft, werden jedoch unruhig, wenn einem Fremden das Spielzeug übergeben wird. Trainiere erst einmal das Bleiben und belohne deinen Hund dafür, dass er ruhig neben dir sitzen bleibt, obwohl du das Spielzeug dem Helfer übergeben hast und dieser sich damit entfernt.

Die Entfernung sollte bei den ersten Übungen nicht mehr als 20 bis 30 Meter betragen, denn dein Hund muss erst lernen, dass er zum Helfer schauen muss. Bisher hat er ja immer dich im Auge behalten, da du das Spielzeug geworfen hast. Nun muss er den Blick nach vorn Richtung Helfer richten. Der Helfer kann kurz vor dem Werfen ein Geräusch machen, damit der Hund den Blick in seine Richtung wendet und aufmerksam den Wurf des Gegenstandes verfolgt. Auch bei dieser Übung soll der Hund ruhig und entspannt neben dir sitzen bleiben und auf dein Signal zum Apportieren warten. Variiere daher auch bei dieser Übung wieder das Training, indem du deinen Hund nicht immer direkt zum Apportieren schickst.

Lass ihn einmal den Gegenstand apportieren, beim nächsten Mal holst du diesen dann z. B. selbst. Oder gib deinem Hund erst noch ein anderes Signal wie z. B. „Platz“, bevor er apportieren darf. Du kannst dich auch erst noch ein Stück gemeinsam mit deinem Hund vom Gegenstand wegbewegen. Vielleicht hast du ja auch zuvor, wie bereits beschrieben, eine Stelle aufgebaut, an der du einen Gegenstand ausgelegt hast, den dein Hund sich merken sollte? Dann dreh dich doch gemeinsam mit deinem Hund in die Richtung, zeige mit einem deutlichen Handzeichen auf den Gegenstand und schicke deinen Hund zum Apportieren dieses Gegenstandes. Erst danach darf er den vom Helfer geworfenen Gegenstand holen. Der Kreativität sind nun keine Grenzen gesetzt; solltest du mehrere Helfer zur Verfügung haben, kannst du das ganze Training natürlich beliebig erweitern.

Beute erhöht auslegen

Als weitere Variante beim Apportiertraining kannst du das Spielzeug auch erhöht, z. B. auf einen Baumstumpf oder eine Mauer legen. Beginne das Training damit, dass du das Spielzeug zunächst einmal auf einen niedrigen Baumstumpf legst. Dein Hund muss erst einmal lernen, dass die Beute sich nicht immer nur auf dem Boden befindet und er, um die Beute zu finden, seine Nase hochnehmen muss.

Das Dummy hängt in Nasenhöhe von Jamie in einem Busch. Jamie hat es sofort entdeckt und greift es, um es vom Ast herunterzuziehen.

Beim weiteren Training kannst du nun Schritt für Schritt das Spielzeug auf immer höheren Stellen platzieren, bis dein Hund sich am Ende sogar auf die Hinterbeine stellen muss, um es herunterholen zu können. Kleine Hunde können z. B. auch ganz auf einen Baumstumpf hinaufspringen, um sich das Spielzeug zu holen. Alternativ kannst du den Gegenstand auch z. B. in einen Strauch oder an einem kleineren Baum aufhängen. Natürlich sollte das Spielzeug dabei maximal so hoch hängen, dass dein Hund es greifen und vom Ast herunterziehen kann. Beginne auch hier erst einmal in geringer Höhe, denn dein Hund muss lernen, das Spielzeug fest zu greifen, nicht loszulassen und es dann vom Ast herunterzuziehen. Das ist nicht immer so einfach, wie es vielleicht scheint.

Lilyen liebt Wasser und nutzt jede Gelegenheit zum Schwimmen. Wenn dann noch ein Dummy im Wasser liegt …

Wasserspiele

Viele Hunde lieben es, durch Wasser zu toben und zu schwimmen. Gerade für diese Hunde bietet es sich an, das Apportiertraining ans Wasser zu verlegen. Beginne das Wassertraining zunächst einmal an einem ruhigen, stehenden Gewässer wie einem kleineren See, möglichst mit flachem Einstieg. Wirf einen schwimmbaren Gegenstand einige Meter weit ins Wasser, dein Hund sollte dabei noch nicht schwimmen müssen. Traut sich dein Hund nun problemlos ins Wasser, kannst du die Entfernung im Wasser Schritt für Schritt vergrößern. Der erste Schwimmzug deines Hundes sollte dann aber auch direkt mit dem Erreichen der Beute belohnt werden.

Einige Hunde erschrecken sich, wenn sie auf einmal den Boden unter den Füßen verlieren. Taste dich daher lieber langsam an eine weitere Distanz heran. So erkennst du genau, bis wohin dein Hund noch laufen kann und ab wann er den ersten Schwimmzug machen muss. Erst wenn dein Hund mehrmals einen Schwimmzug gemacht und die Beute geholt hat, vergrößerst du die Distanz, bis dein Hund richtig schwimmen muss.

Vorsicht beim Sprung ins Wasser

Bitte prüfe vor jedem Training am Wasser den Einstieg. Viele Hunde lieben es, mit einem großen Satz ins Wasser zu springen. Oftmals befinden sich aber unter Wasser große Äste, die an den Rand angespült wurden. Für den Hund sind diese Äste nicht sichtbar, sodass er ihnen nicht ausweichen wird. Wenn er nun genau an einer solchen Stelle ins Wasser springt und auf der Spitze eines Astes landet, kann er sich schwer verletzen.

Apportiert dein Hund sicher aus dem Wasser, kannst du das Training ähnlich wie das Apportieren an Land aufbauen. Beginne zunächst mit einem einfachen Steadinesstraining, dein Hund soll lernen, neben dir sitzen zu bleiben und zu warten, bis du ihm das Signal zum Apportieren gibst. Da viele Hunde wasserverrückt sind, fällt dies selbst Hunden, die an Land entspannt und ruhig sitzen und warten können, egal welche Ablenkung es gibt, oft schwer, wenn Beute ins Wasser geworfen wird. Hat dein Hund auch am Wasser gelernt, ruhig zu warten, kannst du weitere Varianten ins Training einbauen. Lass ihn erst abliegen, gehe gemeinsam

…apportiert sie dieses ohne Zögern.

mit ihm erst ein Stück vom Wasser weg, nutze einen zweiten Gegenstand, den du entgegengesetzt zum Wasser auf Land wirfst. Gerade in Kombination mit Apportierübungen an Land gibt es für dich und deinen Hund beim Wassertraining unendlich viele Variationen.

Fließende Gewässer

Schwieriger ist das Training an einem fließenden Gewässer, also an einem Bach. Dabei hast du generell zwei Möglichkeiten. Du kannst den Gegenstand entweder über den Bach auf die andere Landseite werfen oder aber in den Bach hinein. Bitte achte dabei darauf, dass es sich wirklich um einen Bach und nicht um einen großen und breiten Fluss handelt. Diese haben nämlich oft eine so starke Strömung, dass dein Hund weit abgetrieben würde und im schlimmsten Fall aus eigener Kraft nicht mehr aus dem Wasser herauskäme. Wenn du den Gegenstand über den Bach wirfst, muss dein Hund lernen, auf der anderen Seite selbstständig nach ihm zu suchen. Vielen Hunden fällt es dann schwer, mit dem gefundenen Gegenstand im Maul den Bach wieder zu überqueren. Es ist natürlich viel anstrengender, mit einem Gegenstand im Maul zu schwimmen, sodass viele Hunde häufig erst einmal nach einer Alternative wie z. B. einer Brücke suchen. Beginne daher das Training an einem wirklich schmalen und flachen Bach, sodass dein Hund anfangs gar nicht wirklich schwimmen muss. Bei einem etwas tieferen Bach gehst du anfangs nah an die Wasserkante heran und motivierst deinen Hund, auf direktem Weg zu dir zurückzukommen.

Wirfst du den Gegenstand direkt in den Bach hinein, besteht die Schwierigkeit für deinen Hund darin, dass der Gegenstand nicht an der Stelle, an der er gelandet ist, liegen bleibt, sondern von der Strömung bachabwärts treibt. Lass daher anfangs deinen Hund ruhig direkt hinterherlaufen. Den Gegenstand wirfst du zudem ein wenig bachaufwärts, sodass er deinem Hund sozusagen entgegentreibt. Schwieriger wird es, wenn dein Hund ruhig an der Wasserkante sitzen und auf dein Apportiersignal warten soll. Er kann nun verfolgen, wie der Gegenstand immer weiter abtreibt. Eine große Herausforderung an die Steadiness deines Hundes.

Lilyen sitzt entspannt neben Andrea und wartet auf das Signal zum Apportieren.

Golden Retriever-Hündin Crispy liebt das Hetzspiel an der Reizangel. Begeistert rennt sie in schnellem Tempo der Beute hinterher.

Reizangeltraining

→ Selbstbewusstsein stärken

Beim Training mit der Reizangel soll der Hund einen an einer Schnur festgebundenen Gegenstand verfolgen und hetzen. Da es hierbei hauptsächlich erst einmal um das Hetzen geht, steht bei diesem Training die Stärkung des Selbstbewusstseins im Vordergrund. Der Hund verfolgt die Beute, bis er sie gefangen hat. Viele Hunde zeigen dabei neben dem Hetzen weitere Sequenzen aus dem Jagdverhalten wie z. B. Vorstehen oder Anschleichen. Die Freude und den Stolz darüber, die Beute gefangen zu haben, sieht man ihnen an der ganzen Körperhaltung an. Mit durchgedrückten Beinen steht der Hund über der Beute oder trägt sie freudig erregt mit wedelnder Rute. Apportiert dein Hund gern, kann er im Anschluss an das Hetzen den Gegenstand natürlich auch zu dir bringen. Da du in einem späteren Schritt – ähnlich wie beim Apportieren – Steadiness- sowie Signalkontrollübungen einfügen kannst, förderst du neben der Stärkung des Selbstbewusstseins durch das Reizangeltraining auch wieder die Orientierung deines Hundes an dir.

Aufbau des Trainings

Für das Training benötigst du zunächst einmal eine Reizangel. Diese, oder alternativ eine Longiergerte für Pferde, kannst du im Fachhandel kaufen. Natürlich kannst du dir die Reizangel auch selbst basteln. Dazu benötigst du einen ca. 2 m langen Stock, an dessen oberen Ende du eine etwa 2 m lange Schnur befestigst. Die Schnur sollte mindestens einen Durchmesser von 4 mm haben, damit dein Hund sich nicht verletzen kann, falls er sich bei der Hatz einmal in der Schnur verwickelt. An das untere Ende der Schnur bindest du eine von deinem Hund begehrte Beute. Diese sollte aber nicht zu schwer sein, da die Handhabung der Reizangel sonst sehr umständlich wird. Am besten bereitest du alles in Ruhe vor und probierst die Handhabung der Reizangel mit Beute erst einmal ohne deinen Hund aus. Übe hier auch schon einmal Richtungswechsel.

Starte das Training, indem du deinem Hund die an der Schnur befestigte Beute zeigst und ihn motivierst hinterherzulaufen. Wirf die Beute ein kleines Stück weg und lass deinen Hund hinterherlaufen. Kurz bevor dein Hund am Gegenstand angekommen ist, ziehst du diesen ein ganz kleines Stück mit der

Schnur von deinem Hund weg. Lass ihn danach die Beute direkt fangen. Es ist wichtig, dass er zunächst einmal Erfolg hat. Würdest du gleich zu Beginn die Beute schon mehrere Runden von ihm wegbewegen, könnte es passieren, dass er schnell das Interesse verliert und aufgibt. Steigere daher Schritt für Schritt die Länge, die dein Hund den Gegenstand hetzen darf. Anfangs ist es nur eine viertel Runde, dann eine halbe, eine dreiviertel, später auch mal eine oder sogar zwei Runden. Füge nun ein Signal wie z. B. „Los gehts“ hinzu. Dieses brauchst du später bei den fortgeschrittenen Übungen zum Thema Steadiness und Signalkontrolle.

Jetzt bist du so weit, dass du auch die Richtung wechseln kannst. Pass dabei aber auf, dass dein Hund nicht von der Beute getroffen wird oder sich in der Schnur verfängt. Du wirst schnell herausfinden, wann ein günstiger Moment für einen Richtungswechsel gekommen ist. Baue auch Tempowechsel ein. Werde etwas langsamer, täusche also sozusagen eine erschöpfte Beute vor. Dein Hund wird denken, dass er die Beute schnell hat. Wird er langsamer, kannst du auch eine kurze Pause machen und die Beute liegen lassen. Vielleicht zeigt er nun sogar ein Vorstehen vor der Beute oder ein Anschleichen. Aber pass genau auf, denn du musst den Moment erwischen, in dem dein Hund zum Sprung auf die Beute ansetzt. Genau in diesem Augenblick bewegst du die Beute weiter von ihm weg, die Hatz geht erneut los. Was für ein Spaß!

Unsichere Hunde

Sollte dein Hund zu Beginn Unsicherheit zeigen, wenn du die Reizangel in der Hand hältst, beginne das Training erst einmal ohne Stock, nur mit der an einer Schnur festgebundenen Beute. Diese kannst du zwar nicht so fortbewegen wie eine Beute an der Reizangel, aber dein Hund kann sich jetzt erst einmal an den festgebundenen Gegenstand gewöhnen. Befestige die Schnur danach an einem kurzen Stock, denn viele Hunde haben einfach Angst vor langen Stöcken. Vor allem Hunde, die nicht gut sozialisiert sind oder z. B. als Straßenhund schlechte Erfahrungen mit Stöcken gemacht haben. Hat dein Hund das Spiel verstanden und keine Angst mehr vor dem kurzen Stock, kannst du in der Regel problemlos zur Reizangel wechseln.

Steadiness – Warten lernen

Nachdem dein Hund gelernt hat, den Gegenstand ausdauernd an der Reizangel zu verfolgen, soll er nun lernen, sich zu beherrschen. Er soll so lange warten, bis du ihm das Signal zur Hatz gibst. Dazu muss dein Hund natürlich vorab gelernt haben, sitzen zu bleiben und zu warten (siehe S. 67).

Starte das Training, indem du deinem Hund das Signal zum Bleiben gibst. Entferne dich dann mit der Reizangel. Da dein Hund in Erwartung der Hatz ist, reicht dies als erste Übung bereits aus. Gehe zu ihm zurück und belohne ihn für das ruhige Warten. Im nächsten Schritt wirfst du den Gegenstand ein kurzes Stück von deinem Hund weg. Gehe dann zu ihm zurück und belohne ihn für das ruhige Warten.

Nun wird es spannend, denn jetzt bewegt sich die Beute. Beginne, die Beute anfangs erst langsam und nur ein kurzes Stück, später auch schneller und über die gesamte Reizangellänge von rechts nach

Crispy hat bereits gelernt, ruhig zu warten, auch wenn Hubert die Reizangel mit der Beute vor ihr bewegt.

Die Harzer Fuchs-Mischlingshündin Anouk liebt Zerrspiele mit Uwe. Sie nutzt alle Kraft, um das Zerrseil für sich zu gewinnen.

links vor deinem Hund hin und her zu bewegen. Wichtig ist dabei, dass du deinen Hund immer wieder zwischendurch für ruhiges Warten belohnst.

Als Alternative kannst du dich auch direkt neben deinen Hund stellen und die Beute an der Reizangel einmal ganz um ihn herum bewegen. Wechsle immer wieder zwischen ruhigen Steadinessübungen und dem Hetzen der Beute ab. Lass deinen Hund nicht zu lange warten, da sich sonst großer Frust aufbauen kann.

Signalkontrolle

Eine weitere Variante für das Training an der Reizangel ist die Signalkontrolle. Du kannst deinen Hund auch mitten aus der Hatz herausrufen. Dazu ist es natürlich notwendig, dass du bereits vorab ein Rückrufsignal aufgebaut hast, das ohne Ablenkung sicher funktioniert (siehe S. 57). Lass deinen Hund nun eine Zeitlang die Beute an der Reizangel hetzen. Beobachte ihn dabei gut. In einem Moment, in dem dein Hund ein wenig langsamer wird, abwartet, vielleicht sogar vorsteht oder anfängt anzuschleichen oder aber auch einfach nur die Beute kurz aus den Augen verloren hat, rufst du ihn ab. Natürlich gibt es dafür sofort eine richtig tolle Futterbelohnung. Steigere nun die Schwierigkeit immer mehr, bis du deinen Hund nicht nur aus einer ruhigen Position bzw. aus einer langsamen Hatz, sondern auch mitten aus der wildesten Hetzjagd abrufen kannst.

Zerrspiele

→ Selbstbewusstsein stärken

Ein Spiel, bei dem es oft wild zugeht, ist das Zerrspiel um Beute. Die Meinungen, ob man als Mensch Zerrspiele mit Hunden durchführen sollte, gehen weit auseinander. Betrachtet man Hunde im Spiel miteinander, kann man durchaus feststellen, dass diese z. T. Zerrspiele miteinander spielen.

Allerdings kann man dabei auch beobachten, dass die Regeln immer absolut klar sind. Gezerrt wird immer nur bis zu einer bestimmten Grenze, sodass es nicht zu einer brenzligen Situation zwischen den beiden Spielpartnern kommt. Keiner der Hunde geht beim Zerren aufs Ganze. Macht der ranghöhere Hund in der Beziehung deutlich, dass

Uwe bestimmt, wann das Spiel endet. Ein leises Signal sowie ein Handzeichen zeigen Anouk, dass das Zerrspiel nun vorbei ist. Anouk entspannt sofort und akzeptiert das Spielende.

er das Spiel eigentlich beenden und die Beute für sich beanspruchen möchte, gibt der rangniedrigere Hund das Spiel sofort auf.

Würden sich Menschen auch an diese Regeln halten, wären Zerrspiele vollkommen unproblematisch. Ein Zerrspiel kann nämlich auch zwischen Mensch und Hund ein wunderbares „Kräftemessen" sein, ein spielerischer Vergleich der körperlichen Fähigkeiten. Damit dies überhaupt funktioniert, sollte die Beziehung zwischen dir und deinem Hund geklärt sein, dein Hund sollte sich an dir orientieren, dir vertrauen. Denn nur dann wird er akzeptieren, dass du das Spiel bestimmst, entscheidest, wann es wilder wird, aber auch, wann ein plötzlicher Abbruch erfolgt. Zudem wird er den „Streit um die Beute" spielerisch ansehen. Gerade bei Hunden, bei denen es in Bezug auf Beute schnell zu aggressivem Verhalten kommt, die also, sobald der Mensch Beute in der Hand hält, diesen fixieren, anknurren oder sogar beißen, um an die Beute zu gelangen, ist ein Zerrspiel natürlich absolut tabu, da der Hund den Streit um die Beute schnell ernst nehmen kann. Akzeptiert dein Hund jedoch deine Rolle als desjenigen, der das Spiel bestimmt, spielt es keine Rolle, wer die einzelne Spielsequenz gewinnt. Natürlich solltest du nicht immer nur deinen Hund gewinnen lassen. Genauso wie ein ranghöherer Hund entscheidest du beim Spiel mit deinem Hund über den Spielverlauf, also auch darüber, ob du bei einer Sequenz deinen Hund gewinnen lässt oder nicht.

Achte auch darauf, dass sich dein Hund durch das Zerrspiel nicht extrem hochpusht. Viele Hunde steigern sich beim Zerrspiel so in diese Aktivität hinein, dass sie keinerlei Außenreize mehr wahrnehmen. Dein Hund sollte aber bei jeder Aktivität, die du mit ihm ausführst, immer ansprechbar für dich sein. Denn nur dann kannst du ein Spiel auch jederzeit unterbrechen bzw. stoppen.

Mit Zerrspielen kannst du hervorragend das Selbstbewusstsein deines Hundes stärken. Wird der Kampf um eine Beute gewonnen, werden Hormone freigesetzt, die deinen Hund in ein Hochgefühl versetzen. Überdenke daher besonders bei bereits sehr selbstbewussten Vierbeinern, ob du deren Selbstbewusstsein wirklich noch in dieser Form stärken willst. Ein „Zuviel" an Selbstbewusstsein wird es dir schwer machen, deinen Hund durch den Alltag zu führen.

Schnüffelspiele: Immer der Nase nach

Die Nase des Hundes ist hervorragend ausgebildet, sie ist um ein Vielfaches besser als unsere menschliche Nase. Daher sind Schnüffelspiele, bei denen der Hund durch den Einsatz der Nase ans Ziel gelangt, eine natürliche und arttypische Beschäftigungsform und werden in der Regel begeistert von jedem Hund durchgeführt. Die Hauptintention liegt bei Schnüffelspielen natürlich im Gebrauch der Nase. Da es jedoch meist auch darum geht, ein Ziel zu finden und dabei oft auch eine Beute auszumachen, wird bei einigen Spielen auch die Beutemotivation angesprochen.

Cavalier King Charles Spaniel-Hündin Mia liebt Such- und Schnüffelspiele. Begeistert sucht sie im hohen Gras nach Futterstücken.

Angst vor Giftködern

Gerade die Futtersuche ist eines der häufigsten Schnüffelspiele, aber auch bei vielen anderen Varianten wie z. B. beim Verfolgen einer Spur werden anfangs Futterbrocken auf dem Boden ausgelegt. Leider steigt die Zahl der Hunde, die durch die Aufnahme von ausgelegten Giftködern sterben, immer mehr. Menschen, die sich durch die Anwesenheit von Hunden gestört fühlen, legen mit Gift versehene Fleischköder aus. Das Leid, das sie dem Hund, der dabei meist unter großen Schmerzen stirbt, sowie den Menschen, für die der Hund ein Familienmitglied war, antun, ist ihnen vermutlich nicht bewusst. Damit es nicht immer mehr zu solch grausamen Aktionen kommt, müssen Hundehalter in erster Linie lernen, Rücksicht auf andere Menschen zu nehmen. Immer noch werden viel zu oft Hunde frei laufen gelassen, die dann andere Menschen belästigen, an ihnen hochspringen, sie vielleicht sogar verbellen und meist nicht rückrufbar sind. Kothaufen von Hunden werden von ihren Haltern immer noch einfach liegen gelassen, ein ständiges Ärgernis für Spaziergänger, die versehentlich in den Haufen treten. Natürlich rechtfertigt das alles nicht das Auslegen von Giftködern, dennoch ist gegenseitige Rücksicht der erste Schritt zu einem harmonischen Miteinander. Erziehe daher deinen Hund zu einem angenehmen Begleiter, der Mitmenschen nicht belästigt.

Viele Menschen haben nun aber Angst, mit ihrem Hund Schnüffelspiele durchzuführen, bei denen der Hund Futterbrocken vom Boden aufnehmen darf. Sie befürchten, dass dies die Gefahr vergrößert, dass er auch Giftköder frisst. Zunächst einmal muss man leider sagen, dass die Gefahr, dass ein Hund etwas vom Boden frisst, niemals hundertprozentig ausgeschlossen werden kann. Für einen Hund ist es vollkommen natürlich, Dinge, die er findet und die keiner für sich beansprucht, aufzunehmen und für sich zu beanspruchen. Gerade verfressene Exemplare wie z. B. Beagle oder Labrador Retriever sind dabei besonders gefährdet. Dennoch wird die Gefahr nicht durch das Ausüben von Schnüffelspielen weiter erhöht. Es ist sogar eher das Gegenteil der Fall. Bei Schnüffelspielen darf der Hund zwar Futter vom Boden aufnehmen, jedoch immer nur dann, wenn du ihn dazu aufforderst. Du zeigst ihm eine spannende Stelle oder den Anfang einer Spur, die er absuchen soll. Du gibst ihm dazu ein Signalwort wie z. B. „Such“. Damit signalisierst du ihm, dass er nun die Nase einsetzen und suchen soll, und dass alles, was er nun findet, auch aufgenommen bzw. gefressen werden darf. Bringst du deinem Hund in einem Giftköder-Training bei, Futter niemals ohne dein Signal aufzunehmen und eine Handlung auf dein Signal sofort abzubrechen, ist die Gefahr, dass dein Hund aufgrund von Schnüffelspielen Giftköder fressen wird, relativ gering.

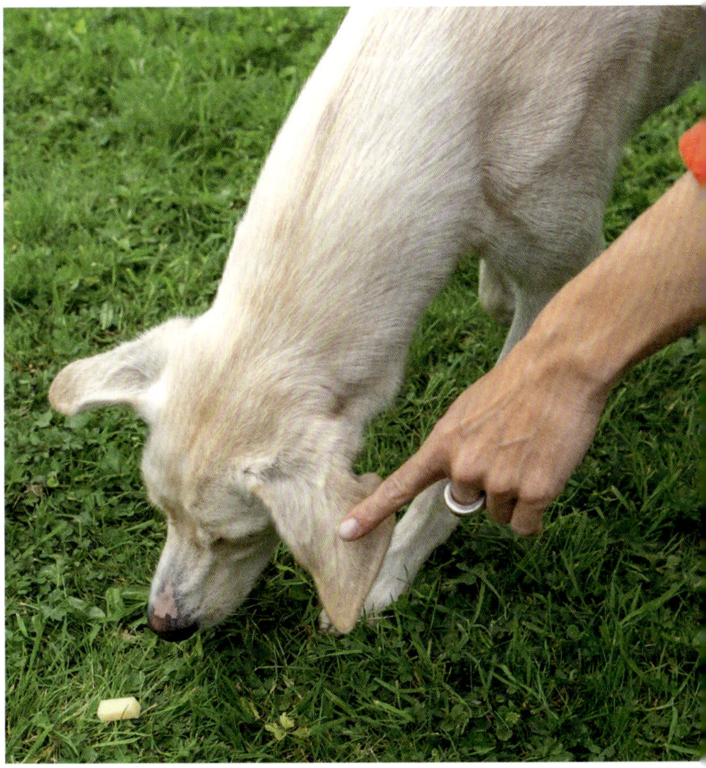

Lydia zeigt Myla mit einem Handzeichen, wo sie ein Futterstück bzw. den Anfang einer Futterspur findet.

Futtersuche

→ Selbstbewusstsein stärken

Die einfachste Variante eines Schnüffelspiels ist die Futtersuche. Dazu gehst du mit deinem Hund auf eine Wiese, nimmst ein paar Futterbrocken in die Hand und wirfst diese im weiten Bogen in das Gras. Da dein Hund anfangs direkt hinterherlaufen darf, fügst du in dem Augenblick, in dem du das Futter auswirfst, ein Hörzeichen wie z. B. „Such" hinzu. Nun darf dein Hund ausgiebig auf der Wiese schnüffeln und die einzelnen Futterbrocken finden und fressen. Da dein Hund bei der Suche selbstständig und ohne deine Hilfe sucht, ist dieses Spiel vor allem dazu geeignet, das Selbstbewusstsein deines Hundes zu stärken. Du kannst dich bei dem Spiel aber auch beteiligen, indem du z. B. selbst einen in der Wiese liegenden Futterbrocken ausmachst, deinen Hund zu dir rufst und ihn auf den Futterbrocken hinweist. Zudem kannst du deinen Hund zunächst einmal neben dir sitzen lassen, sodass er warten muss, während du die Futterbrocken auswirfst (siehe S. 67 ff.). Erst auf dein Signal darf dein Hund mit der Suche beginnen. Du kannst das Spiel auch einmal für einen Augenblick unterbrechen. Rufe dazu deinen Hund zu dir und belohne ihn mit einem besonders leckeren Futterstück dafür, dass er die restlichen Futterbrocken auf dem Boden liegen ließ (siehe S. 57). Warte einen Augenblick, bevor du ihn dann wieder zur Suche nach den restlichen Futterbrocken schickst. Natürlich kannst du die Futterbrocken auch auswerfen, ohne dass dein Hund dies beobachtet. Gehe dann mit ihm zu der vorbereiteten Stelle. Nimmt dein Hund auf einmal die Nase hoch und beginnt interessiert zu schnuppern? Dann hat er die Futterstücke bereits in der Nase. Achte nun darauf, dass er weiterhin bei dir bleibt, notfalls mithilfe der Leine, denn er soll sich

Cooper bleibt ruhig sitzen, während Sarah einige Futterbrocken vor ihn in die Wiese wirft.

Mit einem deutlichen Handzeichen schickt Sarah Cooper zur Suche, der sofort die Nase nach unten nimmt.

Labrador Jamie liebt Jagdspiele. Martin wirft einzelne Futterbrocken, denen Jamie direkt hinterherjagen darf.

ja nicht einfach selbstständig auf die Suche begeben. Bist du mit deinem Hund an der vorbereiteten Stelle angekommen, schickst du ihn mit deinem Signal zur Suche.

Sarah hilft Cooper bei der Suche, indem sie einzelne Futterstücke noch einmal genauer anzeigt.

Die Jagd nach Futter

Als Variante der Futtersuche kannst du auch einzelne Futterbrocken werfen. Dein Hund darf diesen direkt hinterherjagen. Wenn du größere runde Futterbrocken verwendest und das Futter auf einem glatten Boden auswirfst, rollt es sogar noch ein Stück weiter, bevor es liegen bleibt, wodurch sich die Spannung für deinen Hund erhöht. Muss dein Hund dabei sitzen bleiben, warten und zuschauen, trainierst du zudem wieder die Orientierung deines Hundes an dir. Wirfst du die Futterstücke immer genau in die entgegengesetzte Richtung, muss dein Hund hin- und herlaufen und du befriedigst damit auch seine Bewegungsmotivation. Du kannst aber auch kleine Futterstücke verwenden, die sich farblich möglichst nicht vom Boden abheben. So kann dein Hund zwar die Wurfrichtung verfolgen und den ungefähren Landungspunkt abschätzen, muss dann aber wieder die Nase einsetzen, um das Futterstück genau zu orten. Du siehst, selbst bei einem scheinbar so einfachen Spiel gibt es bereits unendlich viele Varianten, die du auch während einer Spieleinheit immer wieder wechseln kannst. Werde kreativ und beobachte deinen Hund, so lernst du ihn bezüglich seines Charakters und Verhaltens noch besser einzuschätzen.

Nasha ist bereits eine Suchexpertin. Melanie zeigt ihr ein besonders schweres Versteck in einer Baumrinde.

Spannende Verstecke wählen

Futtersuche im Baum

Du kannst die Futtersuche noch spannender gestalten, indem du das Futter nicht mehr einfach nur auf der Wiese verstreust, sondern es an unzugänglicheren Orten versteckst. Geeignete Verstecke sind dabei z. B. alte Bäume, in deren aufgebrochener und borkiger Rinde sich hervorragend kleinere Futterstücke platzieren lassen. Lass deinen Hund anfangs beim Verstecken zuschauen. Gehe dann gemeinsam mit ihm zum Baum und schicke ihn zur Suche. Du kannst deinen Hund dabei unterstützen, indem du zu Beginn mit der Hand auf einzelne Futterstücke im Baum zeigst und das Signalwort wiederholst. Einigen Hunden fällt diese Suchvariante schwer, da Hunde automatisch zunächst einmal auf dem Boden suchen. Dein Hund muss daher lernen, die Nase hochzunehmen und höher zu suchen. Für fortgeschrittene Baumsucher kannst du die Futterstücke dann so hoch in der Rinde verstecken, dass dein Hund sich auf seinen beiden Hinterbeinen aufrichten muss, um an das Futter zu gelangen.

Der Futterbusch

Eine weitere spannende Variante der Futtersuche kannst du mit Futterstücken, die mittig ein Loch haben, durchführen. Diese Futterstücke lassen sich hervorragend über kleine Äste eines Busches ziehen. Dein Hund wird bestimmt begeistert von dieser besonderen Frucht sein. Auch hier gilt: Fang erst einmal mit niedrig hängenden Futterstücken an, bevor du den Busch auch weiter oben dekorierst. Lass den Hund anfangs noch zuschauen, wie du die Kekse am Busch anbringst. Hilf ihm zunächst, indem du mit zum Busch gehst und dort auf einzelne Futterstücke mit der Hand zeigst. Hat dein Hund ein Futterstück gefunden, muss er dieses entweder vom Ast abziehen oder aber es durchbeißen, sodass es in zwei Hälften zerbricht und in seinem Maul landet. Weiß dein Hund zu Beginn noch nicht so recht, wie er an das gefundene Futterstück gelangen soll, unterstütze ihn, indem du ihn motivierst, das

Für die Futtersuche im Busch nutzt Melanie ein Leckerli mit einem Loch in der Mitte, das über einen Ast gesteckt wird.

Nasha findet das Futterstück sofort und zieht es vom Ast herunter.

Futterstück zu fressen. Hast du einen sehr vorsichtigen Hund, kannst du die Futterstücke anfangs auch vorab durchbrechen und erst einmal nur einen halben oder einen dreiviertel Ring aufhängen. So kommt dein Hund schneller an das Futter und wird nach den ersten Erfolgen auch eher dranbleiben, wenn es schwieriger wird und er einen ganzen Futterring vom Busch ziehen muss. Auch hier kannst du das Signal „Such“ hinzufügen.

Futtersuche mit Buddeln

Natürlich kannst du das Futter nicht nur erhöht verstecken, du kannst es auch z. B. unter Laub oder einer dünnen Schicht Erde vergraben. Auch bei dieser Variante lässt du den Hund anfangs zuschauen. Verbuddel das Futter zunächst nicht komplett, lass noch eine Öffnung, durch die dein Hund das Futter gut riechen kann. Später kann das Futter komplett durch Laub oder Erde bedeckt sein.

Nina versteckt ihrer Hündin Lilly ein Futterstück unter Laub und Gehölz.

Lilly geht begeistert auf die Suche und buddelt das Futterstück eifrig aus.

Sarah versteckt ein Futterstück für Cooper unter einem Sofakissen. Der Große Schweizer Sennenhund darf dabei das erste Mal noch zuschauen.

Futtersuche im Haus

Auch im Haus kannst du deinen Hund mit der Futtersuche beschäftigen, indem du eine größere Menge Futterbrocken auswirfst, die dein Hund dann suchen und fressen darf, oder aber einzelne Futterbrocken versteckst.

Anfangs darf dein Hund dabei noch zuschauen, später soll er in einem anderen Raum warten. Auch hier kannst du trainieren, dass dein Hund lernt, nicht immer nur auf dem Boden zu suchen, indem du Futterstücke erhöht, z. B. auf einem Stuhl oder dem Sofa platzierst. Bitte beachte aber, dass einige Hunde in Erwartung des Futters vorab bereits stark speicheln. Wenn du das Futter nun auf dem Sofa ausgelegt hast, sollte dieses unempfindlich und gut zu reinigen sein.

Die Futtersuche im Haus ist in der Regel einfacher, da die Futterbrocken auf glatten Boden fallen und es zudem nicht so viele ablenkende andere Gerüche gibt. Du kannst die Futterstücke aber auch so verstecken, dass dein Hund diese nicht mit den Augen finden kann. Wenn du das Futter z. B. hinter ein Sofakissen legst, ist dein Hund auch hier gezwungen, die Nase einzusetzen.

Suche von Gegenständen

→ Selbstbewusstsein stärken

Etwas schwieriger wird die Suche, wenn es sich nicht mehr nur um eine einfache Futtersuche handelt, sondern der Hund Beute suchen soll. Das Prinzip der Suche bleibt natürlich gleich, du versteckst einen Gegenstand und schickst deinen Hund zur Suche, damit dieser den Gegenstand findet. Daher ist die Suche genauso wie die Futtersuche eher dazu geeignet, die Selbstständigkeit und das Selbstbewusstsein deines Hundes zu stärken. Da du die Suche mit

Cooper ist ein erfahrener Suchhund, er findet das Futter sofort mit seiner guten Nase.

einem bzw. später mehreren Gegenständen durchführst, kommt am Ende aber entweder noch das Apportieren oder alternativ das Verweisen, also das Anzeigen des Gegenstandes, hinzu. Daher trägt die Suche letztendlich auch zur Förderung der Orientierung des Hundes am Menschen bei.

Beginne das Training zunächst nur mit einem Gegenstand. Dein Hund darf dir dabei zuschauen, wie du den Gegenstand z. B. auf einer Wiese oder in einem kleinen Waldstück versteckst. Er sollte vorab gelernt haben zu warten und sitzen zu bleiben (siehe S. 67 ff.). Alternativ kannst du ihn auch in der Nähe anbinden.

Den Gegenstand solltest du nun allerdings nicht direkt im ersten Versteck, das du anläufst, liegen lassen. Gehe mehrere Verstecke ab und verhalte dich jedes Mal so, als würdest du den Gegenstand dort ablegen. Du kannst mit ihm ruhig auch den Boden berühren, denn dadurch hinterlässt du an dieser Stelle den Geruch des Gegenstandes, sodass es für deinen Hund schwieriger wird, die richtige Stelle zu finden. Er muss lernen, so lange zu suchen, bis er eine Stelle gefunden hat, an der er eindeutig viel mehr Geruch vom Gegenstand wahrnehmen kann als an den anderen Stellen. Variiere zudem jedes Mal das Versteck. Mal gehst du 3, mal 5, mal 7 Verstecke ab, mal lässt du den Gegenstand im zweiten, mal im vierten, mal im sechsten Versteck liegen. Dein Hund darf nie vorab wissen, wo der Gegenstand liegt, da er ja seine Nase einsetzen soll. So bleibt das Spiel auch immer spannend.

Hat dein Hund das Prinzip der Suche verstanden, kannst du auch mehrere Gegenstände verstecken. Schicke deinen Hund nun zur Suche, die im Verhältnis zunächst einmal einfacher ist, da es ja mehrere Möglichkeiten gibt, einen Gegenstand aufzuspüren.

Achte darauf, deinen Hund sofort zu dir zu rufen, wenn er den ersten Gegenstand gefunden und aufgenommen hat, bzw. ihn sofort an Ort und Stelle zu bestätigen, wenn er den Gegenstand verweisen soll. Er soll ja mit dem Gegenstand entweder direkt zu dir kommen bzw. dort warten und sich nicht schon vorher auf die Suche nach weiteren Gegenständen machen. Hat dein Hund den ersten Gegenstand erfolgreich gefunden, wird es nun schwieriger. Denn nun gehst du nicht mehr wie bisher wieder in das Gebiet, um einen Gegenstand zu verstecken. Du schickst deinen Hund nun erneut in das Gelände. Er muss dir das erste Mal vertrauen, dass sich dort tatsächlich noch ein weiterer Gegenstand befindet. Beherrscht dein Hund die Suche nach mehreren Gegenständen, lässt du ihn außer Sicht warten, wenn du erneut die Gegenstände versteckst. Nutze dabei aber ein Gebiet, in dem du bereits öfter eine Suche mit deinem Hund durchgeführt hast, sodass er weiß, was nun von ihm verlangt wird. Da er ja nicht mehr gesehen hat, dass du Gegenstände versteckt hast, muss er dir nun vollständig vertrauen. In der letzten Schwierigkeitsstufe versteckst du die Gegenstände in einem Gebiet, das dein Hund noch nicht kennt.

Dina versteckt für Bali, der zuschauen darf, ein Dummy.

Mit deutlichem Signal schickt Dina ihn in Richtung Dummy.

Selbstständigkeit fördern

Gerade unsichere Hunde beginnen bei der Suche immer dann, wenn sie den Gegenstand nicht direkt finden können, zu fragen. Sie bleiben stehen, nehmen Blickkontakt mit dem Menschen auf und warten auf eine Hilfestellung. In diesem Fall solltest du darauf nicht reagieren. Ignoriere deinen Hund und zeige ihm in keinem Fall eine Richtung an, in die er suchen soll. Dies wird nämlich dann dazu führen, dass dein Hund immer weniger selbstständig sucht und immer häufiger fragt und auf deine Hilfe wartet. Genau das Gegenteil möchtest du jedoch mit der Suche erreichen, dein Hund soll selbstständig suchen und selbstbewusster werden. Sollte dein Hund dich weiterhin anschauen, kannst du dich einfach ein wenig seitlich drehen und damit den Blickkontakt unterbrechen. Du signalisierst ihm damit, dass von dir zurzeit keine Hilfe zu erwarten ist und er selbst nach einer Lösung suchen soll. In dem Augenblick, in dem dein Hund wieder beginnt zu suchen, darfst du ihn dann auch wieder unterstützen, indem du das Signal für die Suche noch einmal wiederholst. Sollte dein Hund keinen Erfolg haben und einfach nicht finden, kannst du in das Gebiet hineingehen und ihn aktiv bei der Suche unterstützen. Suche gemeinsam mit ihm und weise ihn auf eine Stelle hin, an der er schnell einen versteckten Gegenstand findet. Dazu musst du natürlich noch wissen, an welcher Stelle die Gegenstände versteckt sind. Das ist manchmal gar nicht so einfach. Deshalb kannst du im Notfall auch unbemerkt einen weiteren Gegenstand fallen lassen und deinen Hund dann dorthin zur Suche schicken. Das alles ist aber nur ein „Erste-Hilfe-Programm", damit dein Hund die Suche doch noch erfolgreich beenden kann.

Im nächsten Schritt musst du dann überlegen, was du an deinem Training verändern solltest. Offensichtlich war die Suche zu schwierig für deinen Hund. Gestalte die Suche einfacher, indem du die Gegenstände offener hinlegst, mehrere Gegenstände verwendest oder aber deinen Hund beim Verstecken noch einmal zusehen lässt.

Beute verweisen

In der Regel soll der Hund Gegenstände, die er in der Suche findet, zu seinem Menschen zurückbringen. Baue das Bringen von Gegenständen genauso auf, wie es im Kapitel Apportieren beschrieben ist (siehe S. 59 ff.). Als Alternative kannst

Bali findet das Dummy schnell und holt es aus dem Gebüsch.

Auf direktem Weg läuft er mit dem Dummy zu Dina.

du deinem Hund auch beibringen, einen gefundenen Gegenstand zu verweisen, also anzuzeigen. Grundsätzlich gibt es drei verschiedene Möglichkeiten, mit denen dein Hund dir anzeigen kann, dass er einen Gegenstand gefunden hat. Er kann vor dem Gegenstand stehen bleiben und so lange bellen, bis du kommst. Alternativ kann er eine bestimmte Position wie z. B. „Sich-Hinsetzen" oder „Sich-Hinlegen" einnehmen oder er kann zu dir laufen und dann zwischen dir und dem Gegenstand so lange hin- und herpendeln, bis ihr bei ihm angekommen seid.

Anouk hat das Dummy gefunden und zeigt dies durch Bellen an.

Mischlingshündin Lilly zeigt durch „Hinlegen neben dem Gegenstand“ an, dass sie diesen gefunden hat. Sie kann bereits auf weite Distanz zu Nina zuverlässig anzeigen.

Damit dein Hund das Verweisen lernt, musst du ihm zunächst das gewünschte Anzeigeverhalten beibringen. Am einfachsten ist das Verweisen durch eine bestimmte Position wie z. B. „Sitz“ oder „Down“, da die meisten Hunde diese Grundsignale bereits beherrschen (siehe S. 55/56). Das Hin- und Herpendeln bietet sich bei der Suche nach mehreren Gegenständen nicht wirklich an, da dein Hund auf dem Weg ja auch noch an weiteren Gegenständen vorbeikommen könnte. Dies würde ihn dann verwirren, da nicht mehr klar ist, zu welchem Gegenstand er dich eigentlich bringen soll. Daher eignet sich diese Variante z. B. eher für die Suche nach einer einzelnen versteckten Person.

Anzeige durch Bellen

Entscheidest du dich für das Anzeigen durch Bellen, solltest du bedenken, dass du deinem Hund das Bellen auf Signal bzw. in einer bestimmten Situation erst beibringen musst. Vielleicht denkst du jetzt, dass das bei deinem Hund bestimmt kein Problem sein wird, da er sehr bellfreudig ist. Doch das Bellen kann im Nachhinein zu einem Problem werden. Hunde bellen z. B. aus territorialen Gründen, weil sie vielleicht einen Eindringling entdeckt haben und diesen vertreiben möchten. Eine solche Situation wirst du mit Sicherheit nicht künstlich herstellen wollen, nur um deinem Hund das Bellen auf Signal beizubringen. Hunde bellen zudem in Situationen, in denen sie gefrustet sind. Oftmals bringt man einen Hund z. B. zum Bellen, indem man ihn mit einem Spielzeug motiviert, dieses aber partout nicht wirft. Irgendwann wird der Hund vor lauter Frust bellen, sodass du ihn in diesem Moment bestätigen kannst und das Spielzeug wirfst. Doch was bedeutet das eigentlich? Dein Hund war gefrustet, hat fordernd gebellt, damit du nun endlich das Spielzeug wirfst. Und als Belohnung hat er genau das damit erreicht. Dein Hund hat damit also gelernt, dass er dich über das Bellen manipulieren kann. Daher kann es sein, dass er künftig häufiger in ähnlichen Situationen bellt. Du brauchst zu lange, um das Futter in seinen Napf zu füllen? Es dauert ewig, bis du deine Schuhe angezogen hast? Du stehst wieder einmal unendlich lange an der Ampel und wartest, bis diese auf Grün springt? In all diesen Situationen kann dein Hund nun auch anfangen zu bellen. Gerade bei sehr bellfreudigen Hunden hat man schnell ein Problem. Natürlich kann man dieses auch wieder in den Griff bekommen. Du musst nur in der Anfangsphase, in der du das Bellen bewusst im Training verstärkst, deinen Hund in allen anderen Situationen, in denen er beginnt zu bellen, ignorieren. Das heißt, nicht anfassen, nicht ansprechen, nicht anschauen. Und auch wenn du noch so genervt bist, darfst du nicht einmal schimpfen und ihm sagen, dass es nun doch wirklich reicht. Denn auch das wäre Aufmerksamkeit, mit der du das Verhalten unbewusst verstärken würdest. Zwar hat dein Hund noch nicht das erreicht, was er eigentlich erreichen wollte. Aber zumindest hast du bemerkt, dass er etwas von dir will und so lohnt es sich für ihn weiterzumachen, „bis du ihn endlich verstanden hast". Da dies den meisten Menschen nicht leichtfällt und dann doch nicht konsequent eingehalten wird, empfiehlt es sich am ehesten, dem Hund das Verweisen durch eine bestimmte Position beizubringen.

Anzeige durch eine bestimmte Position

Damit dein Hund das Verweisen durch eine bestimmte Position lernt, versteckst du zunächst einen Gegenstand an einer einfachen Stelle. Schick dann deinen Hund zur Suche. Sobald er den Gegenstand gefunden hat, gibst du ihm das Signal der Position, die er künftig dort einnehmen soll, also z. B. „Down". Sollte dies aus größerer Distanz nicht funktionieren, darfst du die Entfernung zwischen dir und dem Gegenstand noch nicht zu groß wählen. Diese Übung wiederholst du nun mehrfach in verschiedenen Gebieten. Wenn du feststellst, dass sich dein Hund fast schon automatisch hinlegt, wenn er den Gegenstand gefunden hat, wartest du kurz, bevor du das Signalwort sagst. Legt er sich tatsächlich hin, lobst du ihn ausgiebig. So kannst du das Signalwort immer weiter abbauen und dann langsam die Schwierigkeit in der Suche erhöhen. Dein Hund hat nun gelernt, sich beim gesuchten Gegenstand automatisch hinzulegen und zu warten, bis du kommst und ihn für das Finden belohnst.

Geruch identifizieren

→ Selbstbewusstsein stärken

Beim Identifizieren eines bestimmten Geruches soll dein Hund einen vorher festgelegten und separat trainierten Geruch unter vielen anderen, z. T. auch sehr ähnlichen Gerüchen, herausfinden. Den identifizierten Gegenstand soll er dann entweder zu dir bringen oder aber verweisen. Wie bei fast allen Schnüffelspielen stärkst du mit diesem Spiel das Selbstbewusstsein deines Hundes, denn er soll den Geruch allein, ohne deine Hilfe identifizieren.

Deinen eigenen Geruch identifizieren

Bei der einfachsten Variante dieses Spiels soll dein Hund lernen, einen Gegenstand aus vielen anderen zu identifizieren, den du selbst zuvor angefasst hast. Dieses Spiel beherrschen die meisten Hunde bereits ohne großes Training. Viele Menschen nutzen zum Spiel mit dem Hund auf dem Spaziergang leider immer noch Stöcke, die sie unterwegs finden. Da der Hund sich dabei schwer verletzen kann (siehe S. 60), eignet sich diese Variante des Identifizierens natürlich nicht als Beschäftigungsform. Dennoch, alle Hunde finden in der Regel ohne Probleme den vom Menschen geworfenen Stock sicher wieder, selbst wenn dieser im Wald inmitten vieler anderer, ähnlich aussehender Stöcke landet. Der Hund identifiziert den Stock dabei anhand des Geruches seines Menschen, der ihn dazu nur kurz anfassen musste.

Martin legt einen Tannenzapfen mitten zwischen viele andere Zapfen, die dort zufällig herumliegen.

Die Weiße Schäferhündin Milka beobachtet ihn dabei. Nach dem Auslegen schickt Martin Milka zur Suche.

Möchtest du ausprobieren, ob dein Hund dieses Kunststück ebenfalls von sich aus beherrscht, kannst du anstelle eines Stöckchens z. B. einfach einen Tannenzapfen nutzen. Ideal sind hierfür längliche, schmale Zapfen wie z. B. Fichtenzapfen. Diese haben zudem weiche Zapfenblätter, sodass auch beim Zerbeißen der Zapfen keine Gefahren bestehen. Beginne das Spiel damit, indem du deinem Hund einen Tannenzapfen zeigst und diesen dann wirfst. Gib deinem Hund das bereits bekannte Signal zum Apportieren. Hat dein Hund verstanden, dass er den Tannenzapfen bringen soll, kannst du ein neues Signal hinzufügen. Dieses Signal sollte sich deutlich sowohl von deinem Apportiersignal sowie von deinem Suchsignal unterscheiden, denn dein Hund soll dieses neue Signal damit verknüpfen, genau den Gegenstand zu bringen, den du angefasst hast. Bei der Suche oder dem Apportieren darf er dagegen irgendeinen ausgelegten Gegenstand bringen.

Im nächsten Schritt legst du den Tannenzapfen an eine Stelle im Waldboden, an der viele weitere Tannenzapfen liegen. Achte aber bitte darauf, die anderen Tannenzapfen nicht zu berühren. Schicke deinen Hund nun mit dem neuen Signal zum Identifizieren in Richtung der Tannenzapfen. Starte dabei aus geringer Distanz, da apportierfreudige Hunde sonst durch die Dynamik schnell dazu verleitet werden, den ersten Tannenzapfen aufzunehmen, den sie erblicken. Vermutlich wird auch dein Hund genauso wie die meisten Hunde zielstrebig den richtigen Tannenzapfen aus der Menge auswählen.

Da du nicht immer eine Stelle im Wald mit Tannenzapfen aufsuchen kannst, kannst du dieses Spiel natürlich auch mit anderen Gegenständen spielen. Besonders geeignet sind hierzu entweder kleine Tücher oder aber kleine Holzstäbe aus eher hartem Holz wie z. B. Buchenholz von ca. 2 x 2 x 10 cm Größe, die du dir in jedem Baumarkt zurechtschneiden lassen kannst. Baue das Training entsprechend der Beschreibung der Übung mit den Tannenzapfen auf. Lass deinen Hund anfangs also zunächst nur eines der Hölzchen, das du angefasst hast, apportieren bzw. suchen. Im nächsten Schritt legst du weitere Hölzchen dazu. Achte darauf, dass

Milka setzt die Nase ein und hat den Tannenzapfen sofort gefunden. Sie nimmt ihn auf, um ihn Martin zu bringen.

du diese zuvor nicht angefasst hast. Am besten bewahrst du die Hölzchen in einer fest verschlossenen Dose auf. Zum Auslegen kannst du diese dann z. B. mit einer Grillzange aus der Dose herausholen.

Beginne zunächst mit zwei oder drei weiteren Hölzchen, die anfangs noch etwas weiter auseinanderliegen. Später kannst du immer mehr ablenkende Hölzchen immer näher beieinander auslegen. Sollte dein Hund so apportierbegeistert sein, dass er trotz richtigem Aufbau erst einmal das erste Hölzchen nimmt, das er erblickt, kannst du ein Identifizierbrett für die ersten Übungen nutzen. Befestige dazu auf einer schmalen Holzleiste einige Hölzchen. Die Holzleiste sollte rechts und links zwei Löcher haben, sodass du, bzw. beim Training ein Helfer, diese z. B. mit zwei Heringen im Boden befestigen kannst. An einer Stelle auf der Leiste ist kein Hölzchen befestigt. Dort legst du nun dein Hölzchen aus. Versucht dein Hund jetzt das erste Hölzchen zu nehmen, das er sieht, hat er damit keinen Erfolg. Er wird kurz innehalten und damit dann auch seine Nase einsetzen. Schnell wird er das Hölzchen, das du angefasst hast, ausgemacht haben. Da er dieses Hölzchen nun aufnehmen und dir bringen kann, wird er nach einigen Wiederholungen verstanden haben, dass es bei diesem Spiel in erster Linie nicht ums Apportieren, sondern den Einsatz der Nase geht.

Ginala wartet ruhig und schaut genau zu, wie Andrea das Hölzchen auf das Identifizierbrett legt.

Die Hündin sucht kurz und findet das richtige Hölzchen sofort. Sie nimmt es auf, um es Andrea zu bringen.

Andere Gerüche identifizieren

Ein Hund kann natürlich nicht nur lernen, den Geruch seines Menschen zu identifizieren. Gerade Hunde, die großes Interesse an der Nasenarbeit haben, können lernen, ganz viele unterschiedliche Gerüche anzuzeigen.

Sehr einfach kann man dieses Training z. B. mit Teebeuteln aufbauen. Der Tee ist bereits schön verpackt, sodass du den Teebeutel direkt für dein Training nutzen kannst. Zudem kostet er nicht viel und ist in vielen unterschiedlichen Sorten erhältlich. Da wird das Training nie langweilig.

Du beginnst zunächst einmal damit, dass dein Hund eine bestimmte Teesorte erschnüffeln soll. Besorge dir dafür eine Teesorte deiner Wahl. Wenn dein Hund apportierfreudig ist, steckst du den Teebeutel in einen Gegenstand, mit dem du bereits ein Apportiertraining durchgeführt hast. Dies kann z. B. ein Futterbeutel sein, allerdings dann bitte möglichst aus Stoff und gerade frisch gewaschen, damit er nicht nach Futter riecht. Oder du baust dir eine Identifizierdose. Diese kannst du dann z. B. auch für weitere Spiele wie „Lesen lernen" (siehe S. 99) verwenden. Die Dose sollte an die Größe deines Hundes angepasst sein. Es bieten sich generell Dosen aus Plastik an, da man in diese Löcher hineinbohren kann, aus denen der Geruch des Teebeutels ausströmt. Oben an der Dose musst du noch einen Trageriemen befestigen. Entweder verstärkst du dazu einfach einen bereits vorhandenen Griff, wie z. B. den an manchen Joghurtbechern, indem du diesen mit Gewebeband umwickelst. Du kannst aber auch eine dickere Schnur nehmen und diese in zwei Löchern seitlich oben an der Dose befestigen.

Ramona gibt den Teebeutel in die vorbereitete Identifizierdose. Aussie-Hündin Chica schaut gespannt zu.

Wichtig

Teesorten

Bitte verwende keinen schwarzen oder grünen Tee für dein Training, da diese Teein als Wirkstoff enthalten, das für Hunde gefährlich ist. Es kann zu Erbrechen und Durchfall bis hin zu lebensgefährlichen Herz-Rhythmus-Störungen kommen. Natürlich soll dein Hund den Tee beim Training zwar nicht fressen; da man dies gerade am Anfang jedoch nie ausschließen kann, solltest du diese mögliche Gefahr direkt vermeiden und andere Teesorten wie z. B. Kamille, Fenchel, Brennnessel verwenden.

Vorab übst du nun mit deinem Hund, die Identifizierdose ohne Teebeutel zu apportieren, damit er weiß, was er machen soll, wenn er später im Training die Dose findet. Zeige ihm die Dose, mach diese spannend und stelle sie ein paar Schritte von deinem Hund entfernt hin. Gehe dann zu deinem Hund zurück und schicke ihn mit dem ihm bereits bekannten Apportiersignal (siehe S. 59 ff.) zur Dose. Er wird vermutlich neugierig zur Dose laufen und diese erst einmal interessiert beschnüffeln. Fordere

Chica bringt die Identifizierdose, indem sie diese am Henkel aufnimmt. Nun kann das eigentliche Training zum Identifizieren verschiedener Gerüche beginnen.

ihn dann ruhig noch einmal auf, die Dose aufzunehmen. Beschäftigt er sich mit der Dose, kannst du ihn bestätigen. Nimmt er irgendwann den Griff ins Maul, bestätigst du ihn sofort, damit er weiß, dass dies die gewünschte und richtige Handlung ist. Natürlich kannst du deinen Hund auch vorab den Griff einzeln apportieren lassen. Es handelt sich dabei ja im Grunde genommen um nichts anderes als ein Stück Seil. Dieses kannst du wie einen Apportiergegenstand werfen und dir von deinem Hund bringen lassen. So fällt es ihm dann vielleicht leichter, die Dose am Griff aufzunehmen, da er das Seil bereits aus den Apportierübungen zuvor kennt.

Training mit Teebeutel

Stecke den Teebeutel in die Dose. Lass deinen Hund warten und verstecke die Dose einige Meter entfernt in etwas höherem Gras. Dein Hund darf dabei noch zuschauen und beobachten, was du machst. Danach schickst du deinen Hund zur Suche. Als Signal kannst du zunächst noch dein ganz normales Suchsignal nutzen. Dein Hund wird gespannt loslaufen, die Dose finden und diese, wie zuvor aus den Apportierübungen bekannt, zu dir bringen. Nach einigen Wiederholungen an unterschiedlichen Stellen kannst du das eigentliche Signal hinzufügen, z. B. „Tee". Das Signal sollte sich sowohl vom bereits bekannten Apportier- sowie vom Suchsignal als auch von deinem Identifiziersignal unterscheiden, denn dieses Mal soll er ja nicht alle Gegenstände wie bei der Suche oder aber genau den Gegenstand, den du angefasst hast, wie beim Identifizieren, finden. Er soll genau diesen speziellen Teegeruch finden.

Verstecke die Dose nun an immer schwierigeren Stellen, täusche mehrfach verschiedene Verstecke an, sodass dein Hund immer mehr suchen muss, um die Dose zu finden. Da er dabei immer den deutlichen Geruch des Teebeutels in der Nase hat, wird er diesen Geruch mit der Dose und dem neuen Signalwort verknüpfen. Im nächsten Schritt darf dein Hund dann auch nicht mehr zuschauen, wenn du die Dose versteckst.

Sucht und findet dein Hund sicher die Dose mit dem Teebeutel, kannst du den nächsten Schritt angehen. Nun stellst du die Dose ganz offensichtlich einige Meter vor deinen Hund. Einige Meter neben der Dose liegt noch ein weiterer Gegenstand, z. B. ein Turnschuh, den du zuvor, ohne dass dein Hund es gesehen hat, dort platziert hast. Erneut schickst du ihn, die Dose zu suchen. Diese Übung sollte ohne Probleme klappen, außer du hast deinem Hund beigebracht, dir auch deine Turnschuhe zu bringen. Nutze als Ablenkungsgegenstand also immer etwas, das für deinen Hund keine große Bedeutung hat.

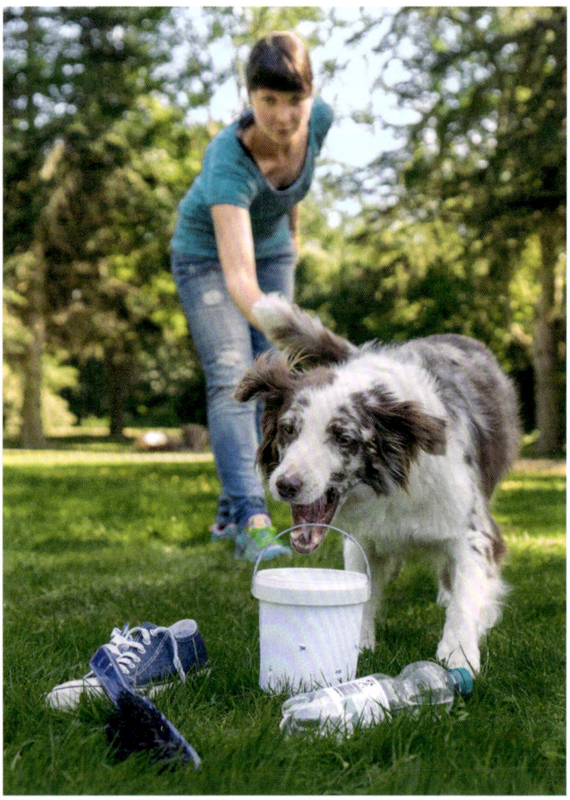

Chica bringt die Identifizierdose problemlos, auch wenn andere Gegenstände herumliegen.

Im nächsten Schritt besorgst du dir weitere, unterschiedliche Teesorten. Stelle nun eine dieser Teesorten, am Anfang die ganze Packung, auf deine Übungsfläche. Dein Hund sollte dabei nicht zusehen, damit er der neuen Teesorte keine große Bedeutung beimisst. Nun stellst du deine Identifizierdose mit deinem Teebeutel ein bis zwei Meter neben die Packung mit der neuen Teesorte. Hierbei darf dein Hund wieder zuschauen. Schicke ihn nun, die Dose zu suchen und zu bringen. War diese Übung erfolgreich, kannst du Schritt für Schritt, unbeobachtet von deinem Hund, immer mehr Packungen Tee mit anderen Sorten auf der Übungsfläche aufbauen.

Nun wird es spannend. Baue weitere Identifizierdosen. Wenn du bisher Futterbeutel oder Spielzeuge verwendet hast, solltest du für das weitere Training zunächst einmal gleichwertige Spielzeuge verwenden, also ebenfalls Futterbeutel oder die gleichen Spielzeuge. Stecke nun einen der neuen Teebeutel in eine Identifizierdose und stelle diese auf die Übungsfläche. Dein Hund ist dabei wieder außer Sicht. Hol jetzt deinen Hund und lass ihn warten und zuschauen, während du die Dose mit deinem besonderen Teebeutel auf die Übungsfläche stellst, anfangs noch ca. 2 Meter neben die andere Dose. Dein Hund soll nun die Dose mit deiner Teesorte suchen und bringen. Gerade bei apportierfreudigen Hunden kann es passieren, dass diese auf die Übungsfläche laufen und die erste Dose, die sie erblicken, bringen. Beginne daher nur aus einer sehr kurzen Distanz, sodass du keine Dynamik bei deinem Hund aufbaust und er sich eher auf seine Nase konzentriert.

Schritt für Schritt kannst du nun die Dose immer näher an die andere Dose mit der neuen Teesorte heranstellen, bis die beiden Dosen direkt nebeneinanderstehen. In weiteren Schritten stellst du vor dem Training zwei, drei oder mehr Dosen mit anderen Teesorten auf der Übungsfläche auf, bevor du deine Dose platzierst. Dein Hund ist beim Platzieren der neuen Teesorten weiterhin außer Sicht. Wenn dein Hund nun sicher aus 4 oder 5 verschiedenen Dosen die Dose mit deinem Teebeutel findet und bringt, steigerst du die Schwierigkeit wieder, indem du deinen Hund zuschauen lässt, wie du alle Dosen verteilst. Er weiß dabei nicht, welche Dose deinen Teebeutel enthält.

Im letzten Schritt darf dein Hund beim Aufstellen der Dosen nicht mehr zuschauen. Du bereitest die Übungsfläche vor und holst deinen Hund erst danach dazu. Nun sieht er vor sich eine Fläche, auf der viele gleich aussehende Dosen stehen und muss seine Nase einsetzen, um die gewünschte Dose mit dem besonderen Teebeutel zu finden.

Gerüche differenzieren

→ Selbstbewusstsein stärken

Auch dieses Schnüffelspiel fördert das Selbstbewusstsein deines Hundes, da er die Aufgabe möglichst allein lösen soll. Bei diesem Spiel soll dein Hund lernen, viele verschiedene Gegenstände zu unterscheiden und mit einem Signal zu verknüpfen. Wenn du also z. B. einen Teddy, einen Ball, eine Beißwurst und einen Schuh vor deinem Hund auslegst, soll er auf das Signal „Teddy“ zu den Gegenständen laufen, den Teddy heraussuchen und dir bringen bzw. alternativ diesen verweisen. Da Hunde beim Identifizieren in erster Linie die Nase einsetzen, erfolgt die Unterscheidung von Gegenständen

Chica kann mittlerweile die Identifizierdose mit „ihrem“ Geruch, also die Dose, die mit einem Teebeutel einer ganz bestimmten Sorte gefüllt ist, unter 5 verschiedenen Gerüchen herausfinden.

Milka hat gelernt, Nicole den Kong® zu bringen, wenn sie diesen in Sichtweite von Milka auslegt. Nicole hat für diese Übung ein neues Hörzeichen aufgebaut.

hauptsächlich über den Geruch. Die hier beschriebene Spielvariante ist für Hunde allerdings etwas einfacher, da die Gegenstände sich zunächst einmal nicht nur im Geruch, sondern z. B. auch in der Form, der Beschaffenheit und der Größe unterscheiden.

Beginne das Spiel zunächst nur mit einem Gegenstand, z. B. mit dem Teddy. Starte ein Apportierspiel, indem du den Teddy wirfst und deinen Hund zum Apportieren schickst. Dazu verwendest du das ganz normale, deinem Hund durch das vorherige Training bereits bekannte Apportiersignal (siehe S. 59 ff.). Bringt dein Hund den Teddy, fügst du das neue Signal, wie z. B. „Teddy", hinzu. Im nächsten Schritt wird der Teddy nicht mehr geworfen, sondern versteckt. Such verschiedene Orte auf und verstecke an einer Stelle den Teddy. Dein Hund darf dabei zuschauen. Mit dem bekannten Signal zur Suche, in Kombination mit dem neuen Signal „Teddy", schickst du deinen Hund nun zur Suche nach dem Teddy. Nach einigen Wiederholungen darf dein Hund nicht mehr dabei zuschauen, wie du den Teddy versteckst. Findet er auch jetzt den Teddy, wird es Zeit, einen zweiten Gegenstand ins Spiel zu bringen. Dies sollte anfangs ein Gegenstand sein, der für deinen Hund keine große Bedeutung hat, wie z. B. eine Fernbedienung, ein Handtuch oder Ähnliches. Lege den neuen Gegenstand auf die Übungsfläche, dein Hund sollte dabei nicht zuschauen. In Anwesenheit deines Hundes legst du nun den Teddy ein bis zwei Meter neben den anderen Gegenstand auf die Übungsfläche und forderst ihn auf, den Gegenstand zu bringen. Beginne diese Übung besonders bei apportierfreudigen Hunden nicht aus zu großer Distanz, da ansonsten die Gefahr besteht, dass dein Hund den ersten Gegenstand bringt, den er erblickt. Lege den Teddy nun Schritt für Schritt immer näher an den zweiten Gegenstand. Im weiteren Training legst du immer mehr Gegenstände, die für deinen Hund noch keine Bedeutung haben, auf die Übungsfläche.

Anfangs ist dein Hund dabei außer Sicht, später darf er auch dabei zuschauen. Wenn dein Hund den Teddy nun aus einer Vielzahl von Gegenständen heraussucht und bringt, kommt der nächste Schritt. Du legst den Teddy erst einmal weg und beginnst das Spiel mit einem anderen Gegenstand

Milka bringt den Kong® inzwischen auch dann, wenn er inmitten vieler weiterer Gegenstände liegt.

von vorn, z. B. einer Beißwurst. Funktioniert das Spiel auch mit dem zweiten Gegenstand, wird es spannend. Jetzt legst du beide Gegenstände auf die Übungsfläche mit den anderen neutralen Gegenständen. Achte darauf, dass die beiden Gegenstände nicht zu dicht beieinanderliegen. Schicke deinen Hund nun zur Suche nach einem der Gegenstände. Viele Menschen machen an dieser Stelle oft unbewusst den Fehler, dass sie mit der Hand bereits in die Richtung des gesuchten Gegenstandes zeigen. Daher solltest du bei diesem Spiel am besten von Anfang an darauf achten, gar kein Handzeichen zu geben. So kannst du deinem Hund auch nicht unbewusst helfen. Ansonsten besteht nämlich die Gefahr, dass dein Hund nicht mehr wirklich die einzelnen Gegenstände unterscheidet, sondern versucht, anhand deiner Körpersprache zu erkennen, welchen Gegenstand er holen soll. Das funktioniert bei zwei Gegenständen oft noch gut, bei drei oder mehr Gegenständen ist dieses Prinzip aber nicht mehr möglich. Ob ein Hund also wirklich gelernt hat, Gegenstände zu unterscheiden oder ob er nur auf deine Körpersprache reagiert, wirst du spätestens dann feststellen, wenn du weitere Gegenstände hinzufügst. Hast du die Übungen vorher gut aufgebaut und trainiert, wird dein Hund dir nun also den richtigen Gegenstand, wie z. B. den Teddy, bringen.

Wiederhole die Übung mehrfach, und fordere deinen Hund auf, mal den Teddy, mal die Beißwurst zu bringen. Schritt für Schritt kannst du dann auch die beiden Gegenstände immer näher zueinanderlegen. Kann dein Hund beide Gegenstände sicher aus einem ganzen Haufen weiterer neutraler Gegenstände heraussuchen, hat er das Spiel verstanden. Nach dem gleichen Prinzip bringst du deinem Hund nun weitere Gegenstände bei. Achte darauf, dass diese sich anfangs deutlich unterscheiden, genauso wie die von dir verwendeten Signale. Ein Hund, der durch dieses Spiel bekannt wurde, ist der Border Collie Rico. Er konnte letztendlich bis zu 250 verschiedene Gegenstände unterscheiden.

Lesen lernen

Eine Variante der Differenzierung von Gerüchen ist das Identifizieren verschiedener Teesorten. Damit kannst du deinem Hund auch „Lesen“ beibringen.

Natürlich können Hunde nicht wirklich lesen, aber sie können verschiedene Gerüche unterscheiden lernen. Genauso, wie du deinem Hund beigebracht hast, deine eine, bestimmte Teesorte zu erkennen (siehe S. 94 ff.) oder viele verschiedene Gegenstände zu unterscheiden, kannst du ihm beibringen, weitere Teesorten zu differenzieren. Dein Hund hat anfangs vielleicht gelernt, den Kirschtee zu suchen und zu bringen. Im nächsten Schritt trainierst du z. B. mit Holunderblütentee. Schritt für Schritt fügst du weitere Teesorten hinzu, bis dein Hund viele verschiedene Sorten auseinanderhalten kann. Da du für dieses Spiel vollkommen identische Identifizierdosen nutzt, muss dein Hund die Teesorten nun tatsächlich ausschließlich anhand des Geruches unterscheiden. Diese Variante ist daher viel schwieriger als die oben beschriebene Variante, bei der unterschiedlich aussehende Gegenstände verwendet werden.

Chica soll das Wort DOGS buchstabieren. Ramona hat ihr gerade das Signal gegeben, die erste Identifizierdose mit dem Buchstaben „D" zu holen.

Eigentlich kann dein Hund nun bereits lesen. Befestige auf den Dosen gut sichtbare Buchstaben. Stelle die Dosen auf die Übungsfläche und erkläre deinem Publikum, dass du ihnen nun zeigst, dass dein Hund lesen kann. Du kannst deinen Hund z. B. seinen Namen oder das Wort DOGS buchstabieren lassen. Dafür muss dein Hund 4 verschiedene Teesorten identifizieren können. Du musst die Dosen nun so präpariert haben, dass die Buchstaben genau zu den gesuchten Teesorten passen. Als Erstes forderst du deinen Hund auf, z. B. den Kirschtee zu suchen. Dieser befindet sich dann natürlich in der Dose, die mit einem „D" gekennzeichnet ist. Als Nächstes soll dein Hund den Holundertee finden, der in der Dose mit dem „O" steckt. So geht es weiter, bis dein Hund dir alle Dosen gebracht hat. Willst du dieses Spiel perfektionieren, dann solltest du als Signal für die Suche nach den einzelnen Sorten natürlich die jeweiligen Buchstaben verwenden, also z. B. „Such das D", „Such das O" etc.

Bei einer etwas einfacheren Variante dieses Spiels lernt dein Hund, die Gerüche in einer bestimmten, immer gleichen Reihenfolge zu bringen. Also immer zuerst die Dose mit dem Kirschtee, dann die Dose mit dem Holundertee etc. So musst du deinem Hund nicht erst das ganze Alphabet beibringen, wenn er später auch einmal andere Worte buchstabieren soll. Denn 26 Buchstaben sicher zu unterscheiden, ist schon eine Aufgabe für Profis. Dein Hund lernt bei dieser Variante einfach immer nur die gleiche Abfolge. Als Signal verwendest du dann auch nicht den jeweiligen Buchstaben, sondern z. B. „Such die Erste", „Such die Zweite". Nun musst du vor der Vorführung nur noch festlegen, welches Wort dein Hund buchstabieren soll, und die Dosen entsprechend vorbereiten.

Spurensuche

→ Selbstbewusstsein stärken

Auch die Spurensuche gehört zu den Beschäftigungsformen, mit denen du das Selbstbewusstsein deines Hundes stärkst, da dieser die Spur idealerweise ganz allein, ohne deine Hilfe, verfolgen soll. Aus diesem Grund sollte im späteren Training die Spur immer von einem Helfer gelegt werden, damit der Mensch den Verlauf der Spur selbst gar nicht kennt und dem Hund so keine unbewusste Hilfe geben kann. Verlässt sich ein Hund nämlich auf die unbewussten Richtungssignale, die er bei seinem Menschen erkennt, kann es vorkommen, dass er die eigentliche Spur verlässt und einer scheinbaren Spur anhand der Signale seines Menschen folgt.

Chica läuft zielstrebig zur Dose, die mit dem Buchstaben „D" beklebt ist und bringt diese zu Ramona.

Zu Beginn trainiert man die Spurensuche immer mit einem weiteren Geruchsträger als Hilfsmittel. Der Hund lernt so, zunächst einmal der Spur des Geruchsträgers, wie z. B. des Futters oder eines geschleppten Gegenstandes, zu folgen. Automatisch erfasst er dabei natürlich auch die Spur desjenigen, der die Futterbrocken ausgestreut oder aber den Gegenstand geschleppt hat. Professionelle Spurensucher können dann auch nur die Spur eines Menschen verfolgen.

Generell sollte der Hund beim Auslegen der Spur niemals zuschauen. Er wird sonst den Spurenleger verfolgen und sich genau merken, wo die Spur endet. Die meisten Hunde folgen dann nicht mehr der Spur, sondern laufen auf direktem Weg Richtung Ende.

Achte beim Auslegen der Spur auch auf den Wind. Am einfachsten ist die Spurensuche für den Hund mit Seitenwind. So bekommt er immer gut Wind, hat aber keinen direkten Wind vom Ende der Spur, an dem entweder der geschleppte Gegenstand, eine besonders große Portion des Futters oder aber auch die Person wartet, die die Spur gelegt hat. Möchtest du Winkel einbauen, sollten diese treppenförmig aufgebaut sein. Winkel in U-Form sind nur dann machbar, wenn die beiden Schenkel des U ausreichend weit – abhängig von der Windstärke – auseinanderliegen, da der Hund sonst auch hier dazu neigen wird, abzukürzen. Da der Wind den Geruch der Spur seitlich wegtreibt, laufen die meisten Hunde bei Seitenwind entsprechend versetzt zur Spur. Dies hängt allerdings davon ab, wie lange du nach dem Auslegen der Spur gewartet hast, bevor du diese mit deinem Hund absuchst. Bis zu 30 Minuten danach liegt der meiste Geruch in der Luft kurz über dem Boden. Die Hunde suchen daher eher mit höherer Nase und können den Geruch in der Regel in schnellem Tempo verfolgen. Je länger die Spur liegt, desto tiefer sinkt der Geruch. Wenn du die Spur also erst nach mehreren Stunden mit deinem Hund absuchst, muss dieser die Nase tief auf den Boden nehmen, um die Spur verfolgen zu können. Er muss genau suchen, um keinen Winkel zu verpassen und wird daher eher langsamer laufen. Viele Hunde suchen den Verlauf der Spur zudem pendelnd ab, sie weichen immer ein Stück nach rechts und links von der Spur ab. Durch diese Suchtechnik verpassen sie keinen Winkel und versichern sich sozusagen immer, dass sie noch richtig sind. Ob dein Hund sich aber nun genau an die beschriebenen Suchweisen hält oder nicht, spielt im Grunde genommen keine Rolle. Jeder Hund hat einen eigenen Suchstil, du musst lediglich lernen, deinen Hund zu lesen. Du musst erkennen, ob er die Spur wirklich noch verfolgt oder aber planlos herumsucht.

Beginne mit einfachen Spuren, die einige Meter geradeaus führen. Lege die ersten Spuren aber bitte nicht zu kurz, dein Hund braucht zunächst einmal einige Zeit, bis er sich eingesucht hat. Daher sollten die ersten Spuren durchaus eine Länge von 60 bis 100 m haben. Schritt für Schritt kannst du dann die Spuren verlängern, kannst Bögen und Winkel einbauen. Am Anfang solltest du zudem einen einfachen Untergrund wählen. Hierzu bietet sich eine nicht zu hoch stehende Wiese oder ein Acker an (bitte landwirtschaftliche Gesetze berücksichtigen). Später kannst du auch schwierigere Untergründe wie stark begangene Parkflächen mit vielen ablenkenden Spuren oder sandigen, trockenen Böden

Beagle Paul sucht eine Spur ab, die Stephanie einige Zeit zuvor für ihn gelegt hat.

auswählen. Du kannst die Spur sogar über eine kleine Asphaltfläche legen, einen schmalen Bach überqueren oder andere Geländeübergänge in den Verlauf der Spur mit einbauen.

Markiere den Beginn der Spur immer deutlich, damit du ihn später mit dem Hund auch wieder findest. Stecke dazu einfach einen Stock in den Boden. Den weiteren Verlauf der Spur solltest du nach Möglichkeit nicht markieren. Zum einen hinterlässt du jedes Mal, wenn du stehenbleibst, um eine Markierung anzubringen, einen deutlicheren Fußabdruck. Zum anderen dürfen sich Markierungen entlang der Fährte, wenn überhaupt, nur über der Augenhöhe des Hundes befinden. Ansonsten besteht die Gefahr, dass der Hund nicht mehr seine Nase einsetzt, um dem Spurverlauf zu folgen, sondern mit den Augen nach der nächsten Markierung sucht. Du kannst dir aber auch z. B. besondere Geländepunkte merken und im Anschluss an das Legen der Spur den Verlauf in deinem Trainingstagebuch festhalten.

In Bezug auf das Ende musst du dir vor allem dann Gedanken machen, wenn du die Spur erst nach einiger Zeit mit deinem Hund absuchst. Am Ende ausgelegtes Futter zur Belohnung kann nach einigen Stunden durch andere Hunde oder Wildtiere gefressen worden sein, genauso wie ein Gegenstand von Wildtieren verschleppt oder von einem anderen Hund bzw. Menschen gefunden und mitgenommen werden kann. Daher solltest du das Ende der Spur so legen, dass du es leicht von hinten erreichen kannst. Möchtest du also z. B. 4 Stunden nach dem Legen der Spur diese absuchen, gehe zunächst von hinten zum Spurende. Lege dort die Belohnung bzw. den Gegenstand aus und gehe dann wieder zurück, um mit deinem Hund nun von vorn die Spur abzusuchen.

Zu Beginn wirst du die Spur immer gemeinsam mit deinem Hund absuchen. Dein Hund sollte dazu ein gut sitzendes Geschirr tragen und von dir an einer breiten, angenehm zu haltenden Schleppleine geführt werden. Sicherheitshalber solltest du auch Handschuhe tragen, damit du dich nicht verletzt, wenn dein Hund doch einmal nach vorn stürmt. Hat dein Hund das Absuchen der Spur verstanden, kannst du ihn auch allein suchen lassen. Er läuft dabei frei, ohne Geschirr und Schleppleine. Für diese Variante bietet es sich an, am Ende der Spur einen Gegenstand auszulegen, den der Hund dir dann bringen kann. Gerade bei einer Spur, die noch nicht lange liegt, wird dein Hund das Bedürfnis haben, diese schnell abzusuchen. Du wirst daher oftmals an der Schleppleine gar nicht mehr hinterherkommen und deinen Hund so ständig bei der Suche stören. Schwierigere Spuren, die länger liegen, sind nicht so einfach zu verfolgen, sodass du deinen Hund dabei problemlos auch weiterhin an der Schleppleine begleiten kannst.

Spur mit Futter

Zu Beginn wirst du bei einer Spurensuche in der Regel immer auch einen Geruchsträger als Hilfsmittel nutzen. Da Futter intensiv riecht, bietet sich dieses als Hilfsgeruchsträger an. Nutze für deine erste Spurensuche daher z. B. einige gut riechende, möglichst weiche Futterbrocken wie z. B. Käse oder Fleischwurst. Das Futter sollte weich sein, da dein Hund dieses schnell aufnehmen wird und sich so nicht so leicht daran verschluckt. Langes Kauen wäre bei der Spurensuche hinderlich, denn dein Hund soll ja lernen, zügig die Spur zu verfolgen.

Laufe nun deine Spur und lege in jede zweite oder dritte deiner Fußspuren einen Futterbrocken. Am Ende der Spur legst du eine größere Menge der Futterbrocken aus. Die meisten Hunde haben so viel Spaß am Absuchen der Spur, dass sie schnell Futterbrocken überlaufen. Lass deinen Hund in diesem Fall die Fährte nicht noch rückwärts nach den liegengebliebenen Futterbrocken absuchen, da ihn dies verwirren könnte und aus dem Konzept bringen würde. Lege einfach bei der nächsten Spur weniger Futterbrocken aus, also z. B. nur noch durchschnittlich in jedem fünften Fußtritt.

Futterbrocken wird man in der Regel nur anfangs beim Verfolgen einer Spur nutzen. Je erfahrener der Hund ist, desto weniger Futter ist als Hilfsmittel notwendig. Da du später die Spur nicht mehr direkt, sondern erst nach einiger Zeit absuchst, macht dies auch Sinn. Denn Futter, das du auf der Spur ausgelegt hast, wird nach einigen Stunden fast vollständig verschwunden sein. Die Wildtiere, aber auch vorbeikommende Hunde haben dann meist bereits ganze Arbeit geleistet.

Alternativ kannst du auch Wasser mit Leberwurst gemischt oder Hühnerbrühe in eine Spritzflasche einfüllen und dieses in regelmäßigen Abständen auf den Boden spritzen, während du die Spur legst. Der Vorteil bei dieser Variante ist, dass auch der Geruch des Hilfsträgers lange Zeit erhalten bleibt, da dieser nicht von anderen Tieren in der Zeit zwischen Auslegen und Suchen gefressen wird. Am Ende der Spur legst du dann z. B. einige Futterbrocken aus, über die du etwas Wurstwasser bzw. Hühnerbrühe spritzt. Als weitere Variante kannst du auch ein Stück Fleisch, z. B. ein Stück Pansen, an eine Schnur binden und dieses hinter dir herziehen, während du die Spur legst. Das Fleisch legst du dann als Belohnung am Ende aus.

Spur mit Gegenstand

Für Hunde, die bereits erfahren in der Spurensuche sind, kannst du die Spur anstelle mit Futter mit einem Gegenstand als Hilfsgeruchsträger versehen. Dazu kannst du im Grunde genommen jeden Gegenstand nutzen, ein Spielzeug, ein Dummy etc. Besonders begehrt sind bei Hunden Spuren, die mit einem Felldummy gezogen wurden. Binde dazu einfach den Gegenstand an einer Schnur fest und ziehe diesen hinter dir her, während du die Spur auslegst. Den Gegenstand lässt du dann am Ende der Spur liegen. Hat dein Hund die Spur erfolgreich abgesucht, soll er dir den Gegenstand entweder bringen oder aber verweisen (siehe S. 59 ff. bzw. S. 89 ff.).

Personensuche

Natürlich kann am Ende der Spur auch eine Person sitzen, die der Hund suchen soll. In diesem Fall wurde die Spur dann natürlich von der Person, die gefunden werden soll, selbst gelegt. Nachteil dieser Variante ist, dass du immer einen Helfer brauchst. Für Familien ist dies aber eine schöne Möglichkeit, z. B. die Kinder in das Training mit einzubeziehen. Die Belohnung erhält der Hund anfangs von der Person, später dann von dir. Bei dieser Variante der Spurensuche kann der Hund entweder frei suchen und den Menschen dann z. B. durch Hin- und Herlaufen zur gesuchten Person führen oder aber durch Verbellen anzeigen, dass er die Person gefunden hat. In der Regel wird man aber gemeinsam mit seinem Hund auf die Suche gehen und den Hund daher an Schleppleine und Geschirr führen. Bitte beachte, dass ein Hund, der gelernt hat, Personen zu suchen, noch lange kein ausgebildeter Rettungshund für den Notfall-Einsatz ist.

Bewegungsspiele: Fitness für Mensch & Hund

Hunde lieben dynamische Spiele. Beobachtet man mehrere Hunde, die gemeinsam auf einer Wiese spielen, wird man zu einem Großteil Rennspiele beobachten können. Da läuft „die Beute" mit gekrümmtem Rücken und übertrieben eingezogener Rute vornweg, schlägt Haken wie ein Hase, während „der Jäger" alles gibt, um den Hund, der die „Beute" spielt, einzuholen. Da es nicht wirklich darum geht, den anderen zu jagen, sind die Bewegungen oft sehr übertrieben, man signalisiert dem anderen, dass alles nur ein Spiel ist. Dennoch können Hunde richtig Tempo machen, Bewegung macht eben Spaß.

Daher wird bei Bewegungsspielen die Hauptintention auf die körperliche Auslastung des Hundes gelegt. Der Hund darf sich bewegen, darf sich auspowern, dynamisch sein und das gern mit seinem Menschen zusammen.

Doch wie können gemeinsame Bewegungsspiele zwischen dir und deinem Hund aussehen?

Vielleicht bist du deinem Hund schon einmal hinterhergelaufen, sei es, weil du ihn tatsächlich einfangen wolltest oder aber als spielerische Geste. Hier wird schnell klar, dass wir Menschen in der Regel bei den wenigsten Hunden eine Chance haben, diese einzuholen und zu fangen. Der Hund ist in der Regel einfach schneller als wir. Noch viel weniger wahrscheinlich ist daher die Spielvariante mit dem Menschen als Gejagtem. Aus diesem Grund kommt es bei Bewegungsspielen zwischen dir und deinem Hund gar nicht so sehr auf die Geschwindigkeit, sondern eher auf die Geschicklichkeit und Beweglichkeit an. Damit förderst du zudem nicht nur die körperliche Auslastung deines Hundes, sondern auch seine motorischen Fähigkeiten sowie seine Orientierung an dir.

Bali jagt begeistert hinter Jack her, welcher die „Opferrolle" übernimmt. Dies zeigt er deutlich durch die übertrieben abgeknickte Rute.

Gemeinsam Joggen kann Hund und Mensch Spaß machen, wenn der Hund entweder im Freilauf sicher auf die Signale des Menschen hört, oder aber gelernt hat, an lockerer Leine zu laufen.

Generell sollte dein Hund für dieses Training möglichst fit und gesund sein. Welpen, alte Hunde sowie kranke Hunde mit Gelenks- oder auch Herz-/Kreislaufproblemen können Übungen, in denen höhere Sprünge durchgeführt werden, ebenso wie schnelle Sprints oder ausdauerndes Laufen nicht bzw. nur sehr begrenzt durchführen. Frage im Zweifel deinen Tierarzt, ob dein Hund für diese Beschäftigungsform uneingeschränkt geeignet ist.

Joggen und Radfahren

→ Selbstbewusstsein stärken / Orientierung fördern

Die einfachste Variante, den Hund körperlich auszulasten, ist, ihn zum Joggen oder Radfahren mitzunehmen. Viele Menschen lieben die körperliche Betätigung in der Natur, gerade mit Hund. Natürlich sollte dein Hund dazu entweder in einem guten Trainingszustand sein, sich also nicht so weit von dir entfernen, auf Ruf sofort zurückkommen und auch einmal ein Stück frei bei Fuß mitlaufen (siehe S. 57 f.). Alternativ kannst du den Hund auch an der Leine führen. Dazu sollte er allerdings ein Geschirr tragen, vor allem, wenn du mit dem Fahrrad unterwegs bist. Damit dein Hund dich nicht ständig in deinem Laufrhythmus stört, sollte er bereits gut leinenführig sein, also nicht ständig an der Leine ziehen. Trainiere diese Übungen vorab mit deinem Hund, denn nur so werdet ihr beide Freude an der Beschäftigung haben. Da bei dieser Beschäftigung keine große Interaktion zwischen Mensch und Hund stattfindet und der Hund zum großen Teil seinen eigenen Bedürfnissen nachgehen kann, wird hier das Selbstbewusstsein des Hundes gestärkt. Dennoch sollte dein Hund auf dich achten, sich deinem Lauftempo anpassen, bei Kreuzungen rückfragen und auch immer ansprechbar sein. Somit wird auch die Orientierung am Menschen mit dieser Beschäftigungsform gefördert.

Beim Cani-Cross läuft der Hund im Zuggeschirr vor dem Menschen und zieht diesen. Schlittenhündin Myla ist für diese Beschäftigung von ihrem Körperbau und Charakter her wie geschaffen.

Cani-Cross

Eine immer beliebter werdende Abwandlung des Joggens mit Hund ist das „Cani-Cross". Hierbei läuft der Hund in einem speziellen Zuggeschirr, das unbedingt von einem Profi angepasst werden sollte, vor seinem Menschen. Am Zuggeschirr wird eine Zugleine befestigt, mit der dein Hund an einem Gurt angeleint wird, den du um die Hüften trägst. Die Zugleine sollte dabei immer mit einem flexiblen Gummi ausgestattet sein, einem sogenannten Ruckdämpfer, damit dein Hund bei plötzlichen Bewegungen nicht jedes Mal einen Ruck erhält.

Dein Hund soll nun lernen, in leichtem Zug vor dir zu laufen, die Zugleine sollte dabei immer gespannt sein. Viele Hunde haben jedoch bisher gelernt, dass sie an der Leine nicht ziehen dürfen. Daher fällt es ihnen oft schwer, auf einmal das Gegenteil von dem zu machen, was Frauchen oder Herrchen bisher immer wollten. Sie trauen sich nicht, vorn zu laufen und die Leine auf Zug zu bringen. Du kannst dies nun entweder so trainieren, dass du die Leine zunächst einmal noch in der Hand und relativ kurz hältst. Dein Hund läuft daher anfangs neben dir. Halte die Leine dabei immer so kurz, dass ein leichter Zug auf der Leine ist. Dein Hund gewöhnt sich mit der Zeit an den leichten Zug, den du nun immer weiter verstärken kannst. Mit der Zeit lässt du die Leine dann Stück für Stück aus der Hand gleiten, sodass dein Hund immer mehr Leine zur Verfügung hat und somit immer ein Stückchen weiter vorn läuft, bis er schließlich die volle Leinenlänge von ca. 1,50 m vor dir herläuft.

Alternativ kannst du anfangs auch mit einem Helfer trainieren. Dieser läuft vor dir her und lockt deinen Hund z. B. mit einem besonders guten Futterstück. Bei dieser Trainingsvariante läuft der Hund von Anfang an in der Endposition ca. 1,50 m vor dir. Beginne das Training zunächst mit kurzen Strecken von ein paar Metern und weite es dann immer weiter aus. Dein Helfer kann natürlich auch langsam mit dem Fahrrad vornweg fahren, sodass er das Tempo etwas entspannter halten kann.

Als dritte Variante kannst du auch ein bereits erfahrenes Cani-Cross-Mensch-Hund-Team als Helfer nutzen. Triff dich mit jemandem, dessen Hund bereits gelernt hat, im Zug vor seinem

Menschen zu laufen. Dieses Team stellt sich nun ein wenig vor dir auf, dann wird gestartet. Da Hunde die Tendenz haben, gemeinsam zu laufen, wird dein Hund, vor allem dann, wenn er sich mit dem anderen Hund gut versteht, die Intention haben, dem anderen Team möglichst schnell zu folgen. Auch bei dieser Variante solltest du zunächst mit kurzen Strecken beginnen. Sobald dein Hund zieht, fügst du noch ein neues Signal wie z. B. „Vorwärts" hinzu. Du brauchst übrigens keine Angst zu haben, dass dein Hund nun künftig beim Spaziergang an der Leine zieht. Dadurch, dass du beim Cani-Cross ein spezielles Geschirr und zum Loslaufen ein separates Signal verwendest, wird dein Hund diese beiden Handlungen leicht unterscheiden lernen.

Da der Hund beim Cani-Cross immer vor dem Menschen läuft und diesen zieht, stärkt man mit dieser Beschäftigungsform in großem Maße das Selbstbewusstsein des Hundes. Dieser befindet sich vor dem Menschen und führt ihn sozusagen an. Natürlich soll dein Hund auf deine Signale wie Richtungs- und Tempoanweisungen reagieren. Dadurch wird auch die Orientierung am Menschen gefördert. Dennoch befindet sich dein Hund aus seiner Sicht in einer vorderen und damit bestimmenden Position und so manch unsicherer Hund ist beim Cani-Cross oder Zughundesport bereits über sich hinausgewachsen.

Fitness mit Hund

→ Orientierung fördern

Immer mehr Menschen leben bewusster und gesünder. Dazu gehören ausreichend Bewegung und natürlich ein Fitnessprogramm. Workouts sind zurzeit der Renner in der Fitnessbranche, was liegt da näher, als diese Übungen durch ein Training mit dem Hund zu kombinieren. Da dein Hund bei diesen Fitnessübungen sehr genau aufpassen und auf dich, deine Signale und Bewegungen achten muss, förderst du mit dieser Beschäftigungsform die Orientierung an dir.

Bettina hüpft um ihren Beagle Coroner herum, der ruhig sitzen bleibt und wartet.

Grundsätzlich kannst du deinen Hund bei jeder Fitnessübung in einer bestimmten Position wie „Sitz" oder „Platz" warten lassen. Das ist anfangs für deinen Hund bereits schwer genug, denn normalerweise stellt man sich beim Training mit dem Hund ja ruhig neben oder vor ihn (siehe S. 55 f.). Vielleicht ist dein Hund auch bereits so sicher, dass du eine Beute werfen kannst. Aber bist du schon einmal um deinen Hund herumgehüpft oder hast dich auf den Boden gelegt? Mit Sicherheit sehen die Übungen eines Workouts für deinen Hund erst einmal sehr komisch aus. Somit sind diese eine sehr gute Steigerung der Schwierigkeit für eine Bleib-Übung. Probiere es einfach einmal aus, während du dich aufwärmst. Setz deinen Hund ab und beginne mit Dehnübungen. Dein Hund ist sitzen geblieben? Prima! Dann lauf einmal in einem leichten Hüpfgang um deinen Hund herum. Oder stelle dich vor ihn und lauf auf der Stelle, erst langsam, dann immer schneller, erst mit normaler Beinaktion, danach mit hoch angehobenen Knien. Alles kein Problem? Dann seid ihr bereit, die Übungen schwieriger zu gestalten.

Beim „Hampelmann" fällt das Warten vielen Hunden schwer, da der Mensch nicht nur springt, sondern auch die Arme nach oben streckt.

Hampelmann

Stelle dich deinem Hund gegenüber auf. Du stehst in etwa hüftbreitem Stand mit geradem Rücken. Spring nun in die Grätschposition und hebe dabei die Arme seitlich nach oben in die V-Position. Anschließend springst du wieder in die Grundposition zurück und nimmst die Arme nach unten. Dein Hund soll während dieser Übung ruhig vor dir sitzen bleiben und warten.

Liegestütze

Liegestütze gehören zum Standardprogramm eines Workouts. Setz deinen Hund für diese Übung ab und lege dich in Bauchlage neben ihn. Dein Hund sollte dabei etwa auf Bauchhöhe sitzen. Führe nun den ersten Liegestütz durch, indem du dich mit den Armen vom Boden abdrückst. Befindet sich dein Hund auf deiner linken Seite, lockst du ihn nun mit deiner rechten Hand unter deinem Körper hindurch auf die andere Seite. Dort soll er sich dann wieder hinsetzen. Nun machst du den nächsten Liegestütz, danach lockst du deinen Hund mit der anderen Hand auf die ursprüngliche Seite. Falls dir richtige Liegestütze am Anfang noch schwerfallen, besonders wenn du den Körper beim Übungsteil mit deinem Hund nur noch mit einer Hand halten musst, kannst du auch Knieliegestütze machen. Bei dieser Variante liegt der Körper nicht auf den Zehen, sondern auf den Knien auf. Dadurch reduziert sich das von den Armen getragene Körpergewicht von ca. 70 % auf ca. 50 %.

Kniebeuge

Stelle dich in den etwas mehr als schulterbreiten Stand etwa eine Armlänge entfernt vor deinen Hund. Dieser soll während der gesamten Übung ruhig sitzen bleiben. Nimm nun einige Futterbrocken in die Hand. Die Hände streckst du gerade nach vorn aus. Beginne die erste Kniebeuge, indem du das Gesäß nach unten führst. Du solltest nun möglichst so tief kommen, dass du deinem Hund

Coroner macht sich ganz klein und kriecht unter Bettina hindurch.

einen Futterbrocken aus deiner gerade nach vorn gestreckten Hand geben kannst. Nachdem du deinem Hund die Belohnung gegeben hast, streckst du dich wieder, um danach mit der nächsten Kniebeuge zu beginnen. Falls du anfangs noch nicht so tief herunterkommst oder dein Hund sehr klein ist, kannst du ihn für diese Übung erhöht absetzen. Dadurch steigerst du die Schwierigkeit für deinen Hund. Setz in diesem Fall deinen Hund zunächst einmal auf einem Baumstamm, einem Baumstumpf, einer Bank oder auch einer Mauer ab und beginne nun mit den Kniebeugen.

Ausfallschritt nach vorn

Stelle dich für diese Übung gerade hin und setz deinen Hund neben dir ab. Nun machst du mit einem Bein einen großen Ausfallschritt nach vorn und senkst das Gewicht auf dieses Bein ab. Dein Hund soll jetzt durch deine Beine hindurch auf die andere Seite wechseln. Sitzt er links, kannst du ihn mit der rechten Hand locken und auf der anderen Seite wieder neben dir absetzen. Stelle das Bein zurück und führe die Übung mit dem anderen Bein aus. Hat dein Hund die Übung verstanden, kannst du auch ein Signalwort hinzufügen, beispielsweise „Wechseln". Nach einigen Wiederholungen hat dein Hund verknüpft, dass er auf dieses Signal durch deine Beine auf die andere Seite wechseln soll, sodass du die Hilfe mit der Hand immer mehr abbauen kannst.

Sportliche Menschen können ihren Hund, nachdem dieser die Seite gewechselt hat, auch noch einmal um das vordere Bein herumlocken. Um diese erweiterte Übung etwas zu vereinfachen, kannst du deinem Hund auch vorab das Signal „Rum" beibringen, bei dem er eines deiner Beine umkreisen soll. Dazu stehst du im normalen Stand, dein Hund sitzt neben dir. Stell nun ein Bein ein wenig nach vorn und locke deinen Hund mit deiner Hand, in der sich anfangs z. B. auch ein Futterstück befinden kann, einmal um das ausgestellte Bein herum. Hat dein Hund diese Übung verstanden, kannst du das Signalwort „Rum" hinzufügen und dann das lockende Futterstück und die Hilfe mit der Hand abbauen. Kennt dein Hund das Signal aus dieser Vorübung, brauchst du ihn beim Ausfallschritt nur noch zum ausgestellten Bein zu locken und dann das Signal „Rum" zu geben. Nachdem dein Hund sich wieder neben dich gesetzt hat, begibst du dich in den normalen Stand und startest die Übung von vorn.

Nach jeder Kniebeuge erhält Coroner ein kleines Futterstück aus Bettinas ausgestreckter Hand.

Coroner läuft sicher um das ausgestellte Bein von Bettina herum.

Becken heben

Für diese Übung legst du dich mit dem Rücken auf den Boden und winkelst die Beine an, die Füße stehen dabei mit den Fußsohlen auf dem Boden. Dein Hund sitzt seitlich neben dir, etwa auf Höhe der Oberschenkel. Nun hebst du das Becken nach oben an, bis Oberschenkel und Oberkörper in etwa eine gerade Linie bilden. Locke nun deinen Hund durch die Brücke, die dein Körper bildet, hindurch auf die andere Seite. Sitzt dein Hund auf deiner linken Seite, nimmst du dazu die rechte Hand, in der sich anfangs noch ein Futterbrocken befindet, und lockst deinen Hund damit unter deinen Beinen hindurch. Auf der anderen Seite soll sich dein Hund nun wieder hinsetzen, danach senkst du das Becken wieder ab. Führe jetzt die Übung erneut durch.
Als Variante kannst du deinen Hund auch über deine Brust springen lassen. Dies solltest du allerdings vorab üben. Lege dich dazu flach auf den Rücken, setz deinen Hund neben dir ab und motiviere ihn mit der gegenüberliegenden Hand, über deinen Körper zu springen. Hat dein Hund verstanden, was du von ihm erwartest, kannst du noch ein Signalwort wie z. B. das Wort „Hopp" einführen. Doch manche Hunde trauen sich nicht, über ihren Menschen zu springen, andere sind auch einfach ungeschickt dabei.

Suche dir dann einen Helfer. Dieser kann anfangs eine Stange über deinen Körper halten, sodass für deinen Hund ein deutlich erkennbares und zu überwindendes Hindernis vorhanden ist. Anfangs übernimmt der Helfer auch das Locken und Führen des Hundes. Erst wenn dein Hund die Übung verstanden hat, übernimmst du die Anweisungen. Sportliche Menschen können die Brücke auch so lange halten, bis der Hund zunächst unter den Beinen hindurch die Seite gewechselt und dann wieder über den Menschen hinweg auf die andere Seite zurückgesprungen ist.

Bein ausstrecken und hochhalten

Für diese Übung sollte dein Hund körperlich fit sein, da höhere Sprünge anstrengend sind und nur mit einem wirklich gesunden Hund durchgeführt werden sollten. Nimm eine feste Standposition ein und setz deinen Hund neben dich. Hebe nun ein Bein, strecke es gerade nach vorn und halte es in dieser Position. Anfangs solltest du dein Bein noch nicht so hoch heben, denn dein Hund muss erst einmal lernen, dass er über dieses springen soll. Sitzt er auf deiner rechten Seite, kannst du ihn mit der linken Hand und einem Futterstück oder einem Spielzeug zu einem Sprung über dein Bein auf die andere Seite locken. Für diese Übung ist es hilfreich,

Coroner kriecht bei der Übung „Becken heben" unter Bettina so schnell wie möglich hindurch.

Das Springen macht Coroner viel Spaß, sodass er gern über die am Boden liegende Bettina hüpft.

Damit Australian Shepherd-Rüde Simon das Springen über das ausgestreckte Bein lernt, wird dieses anfangs noch nicht so hoch gehalten.

wenn dein Hund zuvor ein Signal für das Überspringen eines Hindernisses, wie z. B. das Wort „Hopp", erlernt hat. Dieses kannst du ganz einfach aufbauen, indem du deinen Hund über einen Baumstamm springen läst. Sobald er die Übung verstanden hat, kannst du das neue Signalwort hinzufügen und deinen Hund dann über die verschiedensten Hindernisse springen lassen.

Schritt für Schritt hältst du dein Bein nun immer höher, je nach Sprungvermögen und Größe deines Hundes. Falls du anfangs dein Bein noch nicht so lange oben halten kannst, nutze als Hilfe einfach eine Mauer, einen Stein oder einen Baumstamm. Stelle dich gegenüber des Steins auf, nimm dein Bein hoch und stütze dich damit am Stein ab.

Kurzsprints

Laufübungen gehören zum Fitnesstraining immer dazu. Kurzsprints sind dabei eine Variante, mit der du das eher monotone Laufen wie beim Joggen für deinen Hund spannend gestalten kannst. Sprich deinen Hund an und mach ihn aufmerksam. In dem Augenblick, in dem er dich fragend ansieht, steigerst du auf einmal das Tempo und legst einen kurzen Sprint ein. Dein Hund wird freudig auf das kleine Rennspiel eingehen. Wer ist wohl schneller?

Du kannst den Start auch noch dynamischer gestalten, indem du ein Signalwort wie z. B. „Los geht's" einführst. Dein Hund wird nun gespannt auf das Startsignal für den kleinen Wettkampf zwischen euch warten.

Kreativität in weiteren Übungen

Nimm die vorgestellten Beispiele als Anregung für weitere Übungen. Du kannst deinen Hund in einer Übung somit entweder unter deinem Körper hindurchlaufen lassen, ihn über deinen Körper oder ein Körperteil springen lassen, ihn um ein Bein oder einen Arm im Kreis laufen lassen, ihn in einer bestimmten Position warten lassen oder dich gemeinsam mit ihm bewegen. Werde kreativ und denke dir immer neue Übungen für deinen Hund aus.

Agility im Alltag

→ Orientierung fördern / Selbstbewusstsein stärken

Beim Agility muss der Hund einen Parcours bestehend aus verschiedenen Geräten wie z. B. Hürden, Tunnel, Slalom, Reifen oder Wippe absolvieren. Die Reihenfolge der Geräte ist dabei immer anders, der Mensch führt den Hund mit Hör- und Sichtzeichen durch den Parcours. Agility wird von vielen Mensch-Hund-Teams als Leistungs- und Wettkampfsport betrieben. Doch es geht auch anders. Viele Übungen aus dem Agility kannst du ohne die vorgeschriebenen Geräte in leicht abgewandelter Form sowohl im Haus als auch im Garten oder unterwegs, z. B. im Wald, durchführen. Dabei kommt es nicht auf Schnelligkeit an. Im Vordergrund steht der Spaß am gemeinsamen Training. Hunde lieben es, sich körperlich auszuprobieren, zu klettern, zu springen oder durch etwas hindurchzukriechen. Alle hier vorgestellten Hindernisse sind mit einfachen Mitteln leicht nachzubauen.

Dein Hund muss sich beim Indoor-/Garten-/Wald-Agility genauso wie beim richtigen Agility an dir orientieren und auf dich und deine Signale achten. Daher fördert man mit dieser Beschäftigungsform die Orientierung am Menschen. Da sich dein Hund z. T. aber auch selbst überwinden muss, um die immer neuen Hindernisse zu bewältigen, wird bei vielen Hunden auch das Selbstbewusstsein gestärkt.

Sicherheit geht vor!

Bei allen vorgestellten Übungen gilt immer: Sicherheit geht vor! Bevor du also die Übungen mit deinem Hund durchführst, solltest du alle Hindernisse immer auf deren Sicherheit überprüfen. Stehen die Hindernisse wirklich fest? Können sie nicht wegrutschen oder umkippen? Gibt es keine hervorstehenden Ecken oder Kanten, an denen dein Hund sich verletzen kann? Ist der Boden nicht glatt und rutschig? Erst wenn du sicher bist, dass dein Hund die Hindernisse uneingeschränkt benutzen kann, kannst du mit dem Training beginnen.

Arjuna geht sicher über die einzelnen Sprossen der Leiter. Sie muss sich dabei sehr konzentrieren.

Indoor-Agility

Im Haus ist in der Regel nur begrenzt Platz, sodass dynamische Spiele schon aus diesem Grund ausscheiden. Zudem soll dein Hund das Haus ja eher als Ruhezone ansehen, in dem nicht wild getobt wird. Daher werden die Übungen beim Indoor-Agility immer ruhig und langsam durchgeführt. Die Hindernisse werden Schritt für Schritt bzw. Pfote für Pfote überwunden. Achte zudem darauf, dass der Boden rutschfest ist, damit dein Hund beim Überwinden der Hindernisse nicht wegrutscht. Geeignet als Bodenbelag ist in der Regel Teppich, aber auch ein weicher Boden wie Linoleum.

Stangen / Cavaletti

Um Stangen oder Cavaletti für ein gymnastizierendes Training nachzubilden, gibt es verschiedenste Möglichkeiten. Du kannst z. B. eine einfache Haushaltsleiter auf den Boden legen. Dein Hund soll nun nacheinander in die einzelnen Felder treten und die Sprossen überwinden. Führe ihn dazu langsam und Schritt für Schritt z. B. mit einem Futterbrocken als Motivation über die einzelnen Sprossen. Alternativ eignet sich auch ein Lattenrost für diese Übung, allerdings dauert der Ausbau vermutlich länger als das Herausholen der Leiter. Du kannst aber auch einfach mehrere Besen oder Wischmopps in einem kurzen Abstand hintereinander auf den Boden legen. Um die Stangen etwas zu erhöhen, kannst du die Besen rechts und links auf eine Erhöhung wie z. B. auf einen kleinen Bücherstapel oder ein Sofakissen auflegen.

Bodenarbeit

Bei der Bodenarbeit soll dein Hund einen kleinen Parcours aus einfachen Hindernissen langsam überlaufen. Bei der Erstellung des Parcours kannst du kreativ werden, du wirst bestimmt einige spannende Untergründe bei dir zu Hause finden. Geeignet sind z. B. eine Decke, eine Eingangsmatte aus borstigem Material, eine knisternde Plane, eine halb gefüllte Luftmatratze. Führe deinen Hund nun über den Parcours, anfangs kannst du ihn dazu noch an der Leine führen und mit einem Futterbrocken motivieren. Ein fortgeschrittener Hund kann den Parcours dann auch frei geführt mit dir zusammen überwinden.

Vielleicht hast du ja auch niedrige Kisten zu Hause, die du mit interessanten Dingen füllen kannst? Dann baue doch eine Kistenstraße. Die Kisten kannst du z. B. mit zerknülltem Zeitungspapier, kleinen Bällen, Decken etc. füllen. Dein Hund muss nun von einer Kiste in die andere steigen und den Parcours absolvieren. Beobachte ihn dabei genau. Wenn du merkst, dass dein Hund zögert und auf einen bestimmten Untergrund nicht treten möchte, trainierst du diesen zunächst separat. Du kannst deinen Hund z. B. erst einmal Futter in der Kiste suchen lassen. Anfangs reicht es dann, wenn dein Hund lediglich eine Pfote hineinstellt. Schritt für Schritt traut ihr euch dann gemeinsam weiter auf den unbekannten Untergrund.

Chica läuft sicher über den Bodenparcours, den Ramona für sie aufgebaut hat.

Lilyen hat keine Probleme damit, in die mit unterschiedlichen Dingen gefüllten Kisten zu treten.

Arjuna geht mit Nicole durch das Labyrinth aus am Boden liegenden Stangen, ohne diese zu berühren.

Lilyen hat gelernt, durch den mit Seidenpapier beklebten Hula-Hoop-Reifen zu springen, sodass das Papier zerreißt.

Labyrinth

Im Labyrinth muss dein Hund sich konzentrieren, denn er soll beim Durchlaufen nicht auf die Abgrenzung treten. Das Labyrinth kannst du mithilfe von Besenstielen oder auch mit einem Seil legen. Für die einfachste Form des Labyrinthes brauchst du entweder 8 gleich lange oder 4 kürzere und 2 längere Stangen. Nimm deinen Hund an die Leine und gib ihm das Signal, neben dir an der Leine zu laufen. Fortgeschrittene Teams können das Labyrinth natürlich auch frei bei Fuß absolvieren (siehe S. 58). Nun begib dich in das Labyrinth und durchlaufe dieses in langsamem Tempo. Lass deinem Hund genug Platz, damit er seine Füße immer innerhalb des Labyrinthes setzen kann. Besonders in den Wendungen musst du je nach Größe deines Hundes diesem genug Raum geben. Beginne diese Übung anfangs mit einem weit auseinander gelegten Labyrinth, später wird es immer schmaler, sodass am Ende du und dein Hund gerade noch nebeneinander laufen können.

Sprünge

Indoor sind natürlich nur einzelne niedrige Sprünge möglich. Achte dabei besonders auf einen rutschfesten Untergrund. Als Hindernis kannst du z. B. einen Besen mit der Bürstenfläche auf dem Sofa auflegen. Das andere Ende des Besens hältst du in der Hand. Senke den Stiel nun so weit ab, bis er sich auf Schulterhöhe deines Hundes befindet und locke ihn dann mit einem Futterstück in deiner Hand über den Besen.

Reifen

In den meisten Haushalten findet sich noch ein Hula-Hoop-Reifen, entweder aus vergangenen Fitnesstagen oder aber im Kinderzimmer. Diesen kannst du hervorragend für dein Indoor-Agility nutzen. Halte den Reifen anfangs auf den Boden und lass deinen Hund davor sitzen. Locke ihn nun mit einem Futterstück durch den Reifen. Schritt für Schritt kannst du den Reifen immer ein Stück höher halten, bis dein Hund durch ihn hindurchklettern oder sogar einen kleinen Sprung hindurch machen muss. Als Variante kannst du Papierstreifen (Zeitungspapier, Krepppapier, Seidenpapier oder ähnliche Materialien) in den Reifen hängen. Diese sollten anfangs nur oben befestigt sein. Bei unsicheren Hunden können die Papierstreifen auch nur bis zur Mitte des Reifens reichen. Locke deinen Hund nun wieder durch den Reifen hindurch.

Zögert dein Hund bei dieser Übung nicht, kannst du im nächsten Schritt die Streifen auch unten am Reifen befestigen. Nun muss dein Hund sich schon richtig durch die Papierstreifen zwängen. Achtung, diese werden dabei natürlich zerreißen, du musst den Reifen für die nächste Übung also neu vorbereiten. Im weiteren Training kannst du die Streifen nun immer breiter machen, bis du den Reifen mit einer ganzen Papierfläche beklebt hast und dein Hund einen Sprung durch den vollständig mit Papier beklebten Reifen schafft. Dieser Trick kommt besonders bei Vorführungen vor Publikum sehr gut an.

Slalom

Aus PET-Flaschen, Blumentöpfen oder ähnlichen Gegenständen kannst du einen Slalom bauen. Die PET-Flaschen sollten für diese Übung noch gefüllt sein, da sie sonst sehr leicht umkippen. Ein Slalom aus leeren PET-Flaschen ist nur für fortgeschrittene Teams geeignet. Stelle die Flaschen anfangs in weitem Abstand zueinander in einer Reihe auf. Führe deinen Hund nun zu Beginn an der Leine, später auch frei bei Fuß, durch den Parcours. Lauf dabei langsam, sodass dein Hund sich konzentrieren kann und keine Flaschen umkippen. Schritt für Schritt stellst du jetzt die Flaschen immer enger, sodass ihr enge Bögen um die Flaschen herumlaufen müsst. Als Variante könnt ihr immer wieder einmal auch einen ganzen Kreis um eine Flasche herumlaufen.

Tunnel

Ein weiteres Hindernis, das sich in vielen Kinderzimmern befindet, ist der Tunnel. Allerdings eignet sich ein solcher Spieltunnel für Kinder nur für kleine bis mittelgroße Hunde, da große Hunde darin hängen bleiben würden. Du kannst aber auch für große Hunde Tunnel aus einfachen Materialien bauen. Nimm dazu ein Laken und hänge dieses zwischen zwei Stühlen auf. Schlage das Laken vorn hoch, sodass es einen Eingang für deinen Hund bildet. Bei unsicheren Hunden kannst du auch das hintere Ende hochschlagen, sodass dein Hund vom Laken kaum berührt wird. Bei fortgeschrittenen Hunden kannst du das Laken hinten auf den Boden hängen lassen, sodass dein Hund das Laken hochschieben muss, um aus dem Tunnel herauszukommen. Alternativ kannst du einen Tunnel auch aus Pappkartons basteln. Schneide dazu einfach ein Loch in den Boden, durch das dein Hund gut hindurchkommt. Lege den Karton nun auf die Seite und schicke deinen Hund durch den Karton hindurch. Natürlich kannst du einen solchen Kartontunnel auch erweitern, indem du an das hintere Ende noch ein Laken befestigst. So hat dein Hund den Ausgang nicht direkt vor Augen, er muss erst durch das Loch im Karton hindurch und dann unter dem Laken hervorkriechen.

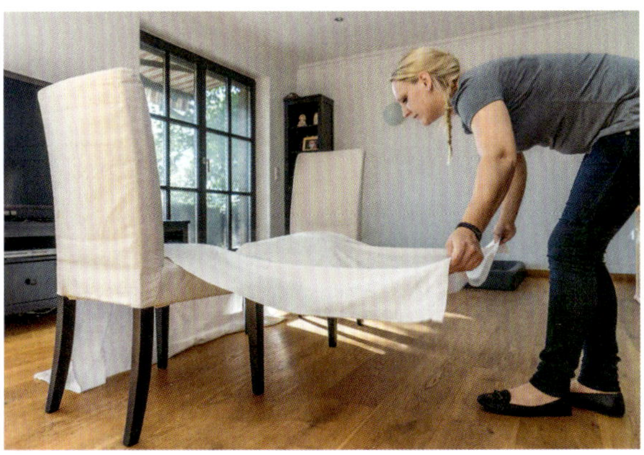

Denise bereitet den Tunnel für das Training mit Luna vor. Dazu legt sie ein Bettlaken über zwei Stühle.

Luna rennt sofort begeistert durch den Tunnel, sodass Denise das Training nun schwieriger machen kann.

Als weitere Variante kannst du anstelle eines Tunnels auch einen Vorhang bauen, durch den dein Hund hindurchgehen muss. Hierzu bieten sich Stühle ideal an. Befestige an einer Seite des Stuhls einen Vorhang, z. B. aus Papier- oder Plastikstreifen (z. B. aus Absperrband). Du kannst auch leere Plastikflaschen oder Teelöffel an eine Schnur binden und am Stuhl aufhängen. Werde kreativ, du findest bestimmt noch viele weitere geeignete Materialien.

Garten-Agility

Beim Garten-Agility darf es gern etwas dynamischer zugehen als beim Indoor-Agility. Ob du deinen Hund die Hindernisse dabei nur einzeln überwinden lässt oder vielleicht auch einen richtigen kleinen Parcours aufbaust, sodass dein Hund mehrere Hindernisse hintereinander absolvieren muss, hängt natürlich auch von der Größe deines Gartens ab. Genau wie beim Indoor-Agility kommt es beim Garten-Agility aber zunächst einmal darauf an, dass dein Hund die einzelnen Hindernisse überwinden lernt. Dynamik und Schnelligkeit stehen auch beim Garten-Agility nicht an erster Stelle.

Cavaletti

Genauso wie beim Indoor-Agility kannst du für deinen Hund einen kleinen Parcours aus Cavaletti aufbauen. Cavaletti sind am Boden oder aber ein wenig erhöht liegende Stangen, die in kurzem Abstand hintereinander aufgebaut werden. Der Abstand der Stangen hängt dabei von der Größe deines Hundes sowie der gewünschten Gangart ab, in der dein Hund über die Stangen laufen soll. Beim Schritt oder im Trab sollte dein Hund mit jedem neuen Schritt über eine Stange treten können. Beim Galopp liegen die Stangen entweder so, dass dein Hund mit jedem Galoppsprung über eine Stange springt oder aber ein Galoppsprung ohne Stangen zwischen zwei Cavaletti liegt. Probiere einfach aus, welcher Abstand für deinen Hund ideal ist. Du kannst die Stangen in einer geraden Linie hintereinander aufbauen oder aber in einem Kreis. Lege anfangs maximal 5–6 Stangen hintereinander, da sich dein Hund beim Überwinden der Cavaletti sehr konzentrieren muss und dieses Training anstrengend ist. Für das Training der Cavaletti führst du deinen Hund anfangs an Leine und Brustgeschirr. Lauf neben ihm und lass ihn an lockerer Leine die Cavaletti überwinden. Fort-

Luca geht konzentriert über die zum Teil am Boden, zum Teil etwas erhöht liegenden Cavaletti.

Auch die schwierigere Übung der im Kreis sowie erhöht liegenden Cavaletti bewältigt er bereits fehlerfrei.

Gerade für Welpen und junge Hunde ist das Training auf dem Wackelbrett zur Schulung der Motorik geeignet.

Der wenige Monate alte Labrador Retriever-Rüde Dio hat bereits gelernt, sich auf dem Brett gut auszubalancieren.

geschrittene Teams können den Cavaletti-Parcours auch frei bei Fuß laufend abarbeiten.

Als Cavaletti eignen sich Besenstiele, die du hintereinander auf den Boden legst. Für etwas erhöhte Stangen kannst du einfach Blumentöpfe aus Plastik oder Eimer (in verschiedenen Größen erhältlich) am Boden mit einer Kerbe versehen. Drehe nun den Eimer um und lege einen Besenstiel in die Kerbe. Für einen Kreis kannst du z. B. auch einfach einen Eimer am Boden rundum mit mehreren Kerben versehen und die Stangen so in den Boden des umgedrehten Eimers einlegen.

Bodenarbeit

Im Garten finden sich in der Regel viele weitere Gegenstände, aus denen man Hindernisse bauen kann, damit der Hund gymnastiziert und motorisch geschult wird. Vielleicht hast du ja noch alte Autoreifen herumliegen? Diese eignen sich hervorragend für einen Parcours, bei dem der Hund durch die hintereinanderliegenden Reifen klettern muss. Du kannst auch mit einfachen Mitteln ein Wackelbrett selbst bauen. Dazu benötigst du ein der Größe deines Hundes angepasstes Holzbrett: Dein Hund sollte auf dem Brett entspannt stehen können. Das Brett beklebst du mit einem festen Stoff, Kunstrasen oder einem Gummibelag. Unter das Brett legst du ein zusammengefaltetes Handtuch oder aber eine kleinere Decke. Das Handtuch muss dabei so klein zusammengefaltet sein, dass es mittig unter das Brett gelegt werden kann, dabei aber noch mindestens das halbe Brett seitlich über das Handtuch ragt. Alternativ kannst du auch eine Halbkugel aus dem Bastelbedarf unter das Brett schrauben. Führe deinen Hund anfangs noch an der Leine, später auch frei bei Fuß, über das Brett. Du kannst ihm auf dem Brett auch das Signal zum Warten geben, sodass er sich für eine längere Zeit auf dem Brett ausbalancieren muss. Dein Hund kann dabei stehen, aber auch sitzen oder liegen.

Pitbull-Hündin Pepper ist bereits ein richtiger Agility-Profi. Sicher springt sie auf Signal durch den Reifen.

Reifen

Genauso wie beim Indoor-Agility kannst du auch beim Garten-Agility einen Hula-Hoop-Reifen nutzen. Alternativ kannst du einen Reifen auch aus einem Stück Gartenschlauch selbst herstellen. Schneide dazu einfach ein Stück Gartenschlauch in der benötigten Länge ab. Dein Hund sollte entspannt durch den Reifen springen können, bei mittelgroßen Hunden bietet sich beispielsweise ein Durchmesser von ca. 60 cm an. Hierfür brauchst du ein ca. 1,90 m langes Stück Schlauch. Die beiden Schlauchenden kannst du entweder mit Schlauchverbindungsstücken aus dem Gartenbedarf zusammenfügen oder aber einfach mit festem Gewebeband zusammenkleben. Den Reifen befestigst du zwischen zwei Besenstielen, die du in den Boden steckst. Für die Befestigung des Reifens an den Stielen kannst du z. B. Klettband verwenden. Befestigst du mehrere Klettstreifen an den Besenstielen in unterschiedlicher Höhe, kannst du den Reifen Schritt für Schritt im Training höher hängen, bis dein Hund einen richtigen Sprung durch den Reifen machen muss.

Das Training erfolgt ähnlich wie beim Sprung; beginne damit, dich gegenüber deines Hundes zu stellen und ihn durch den Reifen zu dir zu rufen. Später stellst du dich dann seitlich neben deinen Hund und führst ihn mit einer Handbewegung durch den Reifen hindurch.

Sprünge

Im Garten darf dein Hund nun nicht nur langsam und Pfote für Pfote einzelne Hindernisse überwinden. Wenn er ausgewachsen und körperlich fit ist, sind auch etwas höhere Sprünge erlaubt. Beginne das Sprungtraining aber bitte immer mit einem niedrigen Sprung und lege die Sprungstange dann Schritt für Schritt ein wenig höher.

Beim Sprungtraining ist es besonders wichtig, darauf zu achten, dass dein Hund sich nicht verletzt. Die Hindernisse sollten daher immer so gebaut sein, dass zumindest die Sprungstange bei einer leichten Berührung schnell herunterfällt. Zudem sollte dein Hund möglichst weder Geschirr noch Halsband tragen, damit er nicht darin hängen bleibt.

Sprungelemente kannst du mit einfachen Mitteln selbst bauen. Ideale kleinere Sprungelemente sind z. B. umgedrehte Blumenkästen. Steckst du dann noch zwei Besenstiele rechts und links vom Blumenkasten in die Erde, hast du eine gute sichtbare seitliche Begrenzung, sodass dein Hund das Sprungelement auch von Weitem gut erkennen kann. Unten an den Besenstielen kannst du noch Heringe befestigen, sodass du sie leichter in den Boden stecken kannst. Mehrere Blumenkästen direkt hintereinander stehend ergeben dann einen Weitsprung. Damit dein Hund die Weite besser einschätzen kann, steckst du jeweils seitlich des ersten sowie des letzten Blumenkastens zwei Begrenzungsstangen in den Boden.

Alternativ kannst du auch einen Besenstiel als Sprungstange verwenden. Dazu musst du den Besenstiel an den seitlichen Begrenzungsstangen befestigen. Verwende für die seitlichen Begrenzungsstangen dickere Stangen, in die du einfach eine Kerbe anbringst, auf die du nun die Stange auflegen kannst. Als seitliche Begrenzungsstangen kannst du auch Weidezaunpfähle verwenden, die du in jedem größeren Reitsportbedarf oder Agrarfachhandel erhältst. Weidezaunpfähle sind unten bereits mit einem Metallstift versehen, sodass du diese gut in den Boden stecken kannst. Die eigentlich für das Zaunband vorgesehenen halb offenen Ösen kannst du mit einem Föhn erhitzen und dann aufbiegen, sodass du eine perfekte Auflage für deine Sprungstange erhältst.

Für das Sprungtraining setzt du deinen Hund etwas vom Absprung entfernt ab. Die Sprungstange ist dabei noch sehr niedrig. Stelle dich auf die andere Seite der Stange und locke deinen Hund zu dir. Zur Motivation kannst du z. B. ein Futterstück oder ein Spielzeug verwenden. Hat dein Hund die Stange übersprungen, erhält er direkt danach seine Belohnung bei dir. Achte darauf, dass du deinen Hund nicht zu nah vor der Stange absetzt. Er muss genug Platz haben, aufzustehen, Schwung zu holen und sich zum Sprung mit den Hinterbeinen abzudrücken. Im nächsten Schritt kannst du dich neben deinen Hund stellen. Führe ihn mit der Hand über die Stange und laufe dabei neben ihm her.

Schritt für Schritt kannst du zwei, drei oder mehr Hürden hintereinander aufbauen und so einen kleinen Parcours gemeinsam mit deinem Hund absolvieren. Ob du dabei rechts oder links vom Hund läufst, spielt keine Rolle. Übe am besten beide Seiten, denn wenn die Hürden später einmal nicht mehr nur gerade in einer Linie hintereinander stehen, sondern in einem Kreis aufgebaut sind, bietet es sich an, als Mensch immer den kleineren Innenkreis zu laufen.

Slalom

Ein Slalom lässt sich im Garten sehr einfach aus Besenstielen aufbauen, die mit einem Hering am unteren Ende versehen sind, sodass du sie einfach in den Boden stecken kannst. Alternativ kannst du auch hier wieder Weidezaunpfähle nutzen. Achte aber vor allem bei sehr langhaarigen Hunden wie z. B. dem Bearded Collie darauf, dass du Weidezaunpfähle mit geschlossenen Ösen verwendest, damit dein Hund beim Durchlaufen des Slaloms nicht mit dem Fell an den Ösen hängen bleibt. Im Fachhandel gibt es auch Agility-Slalomstangen.

Selbst hohe Sprünge sind für Pepper kein Problem. Sie überwindet diese mit einem lockeren Sprung.

Beim Slalom muss sich der Hund sowohl auf seinen Menschen als auch auf den Slalom konzentrieren.

Die Abstände der Stangen betragen beim Wettkampfsport 60 cm. Allerdings ist dieser Abstand für kleine Hunde eigentlich zu groß, da sie dann einen richtigen Kreis um die einzelnen Stangen laufen müssen. Probiere einfach aus, ob du für deinen sehr kleinen oder sehr großen Hund nicht engere bzw. weitere Abstände wählst. Für mittelgroße Hunde wie den Border Collie oder den Golden Retriever ist der Abstand von 60 cm gut geeignet. Der Slalom sollte nicht aus mehr als 12 Stangen bestehen, da dieses Gerät für den Hund sowohl körperlich als auch geistig sehr anstrengend ist. Der Hund muss seine Wirbelsäule stark biegen und sich sehr konzentrieren, um kein Tor zu verpassen. Daher solltest du das Slalomtraining auch nur mit einem erwachsenen, gesunden Hund durchführen. Beim Aufbau musst du darauf achten, dass alle Stangen im gleichen Abstand zueinander und möglichst gerade in einer Linie hintereinander stehen. Du kannst dir für den optimalen Aufbau auch ein einfaches Hilfsmittel aus einer Schnur und zwei Heringen herstellen. Befestige die beiden Enden einer ausreichend langen Schnur jeweils an einem Hering. Im für deinen Hund idealen Abstand machst du nun jeweils einen Knoten oder eine Markierung durch Klebeband in die Schnur. Stecke die beiden Heringe nun in den Boden, sodass die Schnur gespannt ist. Jetzt kannst du einfach entlang der Schnur immer jeweils an einer Markierung eine Slalomstange einstecken.

Zu Beginn führst du deinen Hund durch den Slalom hindurch. Du kannst ihn dabei anfangs mit einem Futterstück in der Hand führen. Als Variante führst du deinen Hund nahe an das erste Slalomtor heran. Warte, bis er hindurchgeht und belohne ihn dann sofort mit einem Lobwort sowie einem Futterstück, das du ihm durch das zweite Tor, das er dadurch von hinten automatisch durchschreitet, reichst. Du läufst dabei parallel zu ihm langsam den Slalom entlang. Da du nun kurz vor dem dritten Tor angekommen bist, wartest du nun wieder, bis dein Hund von sich aus durch das Tor hindurchgeht und belohnst ihn dann wieder mit Lob und Futter so, dass er automatisch durch das vierte Tor herauskommt. Dies führst du dann weiter fort, bis dein Hund den ganzen Slalom absolviert hat. Baue das Lob und das Futter im weiteren Training dann immer weiter ab. So bekommt dein Hund im nächsten Schritt, also z. B. nur nach jedem zweiten oder dritten Tor, eine Belohnung, dann nur noch einmal mittendrin, bis er schließlich durch den gesamten Slalom laufen muss und erst am Ende belohnt wird. Wenn du nun die Geschwindigkeit steigerst, indem du selbst schneller nebenherläufst, wird dein Hund am Ende den Slalom als ein Hindernis ansehen und dieses, so schnell es ihm möglich ist, absolvieren. Falls du vorhast, irgendwann einmal Agility als Wettkampfsport zu betreiben, solltest du darauf achten, dass dein Hund das erste Tor immer so durchläuft, dass die erste Stange an seiner linken Schulter ist. Diese Regel ist beim Agility im Prüfungsreglement vorgeschrieben. Ob du deinen Hund links oder rechts geführt begleitest, spielt jedoch keine Rolle. Am besten trainierst du einfach beide Seiten.

Wippe und Steg

Ähnlich dem bereits beschriebenen Wackelbrett (siehe S. 117), kannst du dir für euer Garten-Agility auch eine Wippe bzw. einen Steg aus einfachen Mitteln selbst bauen. Dazu benötigst du lediglich ein längeres, für deinen Hund ausreichend breites Brett. Dein Hund sollte auf dem Brett entspannt stehen können. Das Brett beziehst du nun entweder mit einem festeren Stoff wie z. B. Kunstrasen oder einem Gummibelag. Um das Brett als Wippe zu verwenden, legst du ein fest zusammengerolltes Handtuch mittig darunter. Alternativ kannst du auch einen Baumstamm mittig vom Brett befestigen. Die Länge des Baumstammes sollte dabei maximal der Breite des Brettes entsprechen, damit dieser seitlich nicht übersteht. Je dicker der Baumstamm ist, desto höher wird deine Wippe sein. Ein Baumstamm mit dem Durchmesser von ca. 20 cm ergibt dann bereits eine relativ große Wippeigenschaft. Um das Brett als Steg benutzen zu können,

Dio geht sicher über die Wippe. Diese Übung eignet sich sehr gut zur Schulung der Motorik.

Dio geht ohne Zögern über den Steg. Zur Belohnung erhält er auf dem Steg einen Futterbrocken.

legst du dieses einfach auf zwei größeren Steinen auf. Achte aber bitte darauf, dass das Brett nicht wegrutschen kann und sich dein Hund beim Überlaufen des Steges dann erschreckt oder verletzt. Bei einem längeren Brett musst du gegebenenfalls noch einen Stein mittig unter dem Brett platzieren, da dieses sonst zu stark durchschwingen würde.

Führe deinen Hund nun langsam an die Wippe heran. Solltest du ihn an der Leine führen, verwende bitte ein Brustgeschirr. Achte beim Training darauf, dass du deinem Hund immer die Möglichkeit lässt, von der Wippe herunterzuspringen, wenn er sich unwohl fühlt. Du solltest die Leine daher so lang lassen, dass diese auch dann nicht auf Spannung kommt, wenn er von dir weg zur anderen Seite herunterspringt.

Anfangs kannst du deinen Hund mit Futter in der Hand locken und ihn für jeden Schritt, den er über die Wippe geht, belohnen. Gerade übereifrige Hunde muss man davor bewahren, dass sie die Wippe im Galopp erstürmen. Der Schreck, wenn sich die Wippe auf einmal und dann auch mit hoher Geschwindigkeit absenkt, ist nämlich meist sehr groß und wenn du Pech hast, wird dein Hund die Wippe von da an meiden. Dein Hund muss erst einmal lernen, so weit zu laufen, bis die Wippe kippt. Er muss also den sogenannten Kipppunkt der Wippe herausfinden. Der Kipppunkt variiert je nach Größe des Hundes. Bei mittelgroßen Hunden ist dieser kurz hinter der Mitte, bei kleineren Hunden erst Richtung Brettende. Am Kipppunkt muss der Hund nun kurz warten, bis sich die Wippe absenkt, bevor er dann weiterläuft. Du kannst anfangs auch das obere Ende der Wippe festhalten und dieses, wenn dein Hund am Kipppunkt angekommen ist, langsam herunterlassen. So verhinderst du, dass dein Hund zu forsch ist, sich die Wippe zu schnell absenkt und dein Hund sich erschreckt und dann vielleicht nicht mehr auf die Wippe möchte.

Wald-Agility

Natürlich kannst du im Wald nicht wirklich einen Hindernisparcours aufbauen. Der Waldbesitzer würde sich vermutlich nicht wirklich freuen, wenn du beginnst, die dort herumliegenden Bäume zu verschrauben und aus ihnen Hindernisse zu bauen. Dennoch, wer aufmerksam die Umgebung betrachtet, wird auch auf dem Spaziergang immer wieder natürliche Hindernisse entdecken, durch die der Weg zu einem Abenteuerparcours für Mensch und Hund wird. Auch hier bitte auf Verletzungsgefahr achten – schaue dir vorher das Hindernis genau an.

Sprünge

Das einfachste und fast überall vorkommende Hindernis auf dem Spaziergang ist der Sprung. Fast überall finden sich am Boden liegende Baumstämme, über die du deinen Hund springen lassen kannst. Achte vor allem bei dickeren Baumstämmen bitte darauf, dass diese fest liegen und nicht wegrollen können, wenn dein Hund beim Sprung auf dem Baumstamm aufsetzen sollte. Vielleicht liegt ein Baumstamm ja auch so, dass du ihn an einer Seite etwas erhöht in die Astgabel oder in einen danebenstehenden Busch legen kannst? So kannst du deinen Hund auch etwas höher springen lassen.

Martin schickt Mischlingshündin Luna mit Handzeichen zum Sprung über den schräg liegenden Baumstamm.

Liegen mehrere Baumstämme hintereinander, kannst du diese entweder – mit einem kleinen Zwischenraum – als Cavalettireihe oder ohne Zwischenraum als Weitsprung nutzen.

Laufsteg

Entdeckst du auf deinem Spaziergang einen dicken, auf dem Boden liegenden Baumstamm, kannst du diesen hervorragend als Steg nutzen, über den dein Hund balancieren darf. Achte hier aber bitte wieder besonders darauf, dass der Baumstamm fest liegt und nicht wegrollen kann, damit sich dein Hund nicht erschreckt oder gar verletzt.

Slalom

Dünne, hintereinanderstehende Bäume kannst du auch als Slalom nutzen. Stehen die Bäume sehr eng hintereinander, kannst du deinen Hund wie beim Garten-Agility durch den Slalom führen, während du nebenherläufst. Bei weiter auseinanderstehenden Bäumen kannst du auch einfach gemeinsam mit deinem Hund im Slalom um die Bäume herumlaufen.

Eine Variante des Slaloms ist das Umrunden lediglich eines Baumes. Beginne dieses Training zunächst einmal mit einem dünnen Baum. Du stehst vor dem Baum, den dein Hund umrunden soll. Dein

Das Balancieren über den Baumstamm bereitet Luna keine Probleme. Sicher folgt sie dem Sichtzeichen von Martin.

Beim Slalomlaufen um einige hintereinanderstehende Bäume achtet Luna genau auf die Signale von Martin.

Hund sitzt dabei z. B. links neben dir. Nimm nun die rechte Hand und gegebenenfalls ein Futterstück als Motivation. Du hältst deine Hand nun hinter den Baum und lockst deinen Hund damit einmal um den Baum herum. Trainiere dabei gleich beide Seiten, sodass du das Training später auch variieren kannst. Hat dein Hund die Übung verstanden, kannst du ein Signal wie z. B. „Rum" einführen. Schritt für Schritt kannst du die Hilfe durch deine Hand abbauen, diese soll am Ende lediglich in die Richtung des zu umrundenden Baumes zeigen. Im weiteren Training entfernst du dich immer weiter vom Baum, den dein Hund umrunden soll, bis du ihn aus einer großen Distanz von mehreren Metern um den Baum herumschicken kannst. Aus einer größeren Distanz funktioniert diese Übung natürlich nur, wenn der Baum einzeln auf einer Fläche steht, sodass dein Hund genau weiß, welchen Baum er umrunden soll. Falls sich mehrere einzelne Bäume auf einer Fläche befinden, stelle dich mittig zwischen den Bäumen auf und schicke deinen Hund nun in die verschiedenen Richtungen zur Umrundung der Bäume. Natürlich kannst du auch andere Objekte auswählen, die dein Hund umrunden soll. Selbst breitere Bäume oder sogar ganze Baumgruppen sind für fortgeschrittene Mensch-Hund-Teams kein Problem.

Tunnel

Immer wieder findest du im Wald auch auf dem Boden liegende Baumstämme, die durch ihre gebogene Form nicht ganz auf dem Boden aufliegen. Diese eignen sich hervorragend, um deinen Hund darunter durchkriechen zu lassen. Natürlich kannst du auch einfach das Ende eines Baumstammes auf eine Astgabel oder einen anderen, danebenliegenden Baumstamm legen und deinen Hund dann durch die so entstandene Lücke kriechen lassen. Am Anfang kannst du ihn noch mit Futter locken.

Tisch – Warteposition

Findest du einen breiten Baumstumpf auf deinem Spaziergang, kannst du diesen als Warteposition nutzen. Achte aber bitte darauf, dass keine spitzen Enden aus dem Baumstumpf hervorragen, an denen sich dein Hund verletzten könnte. Führe deinen Hund mit einem Leckerchen auf den Baumstamm hinauf und fordere ihn dort auf zu bleiben. Je nach Trainingsstand und Größe des Baumstumpfes bzw. deines Hundes kannst du dabei auch unterschiedliche Positionen trainieren, also z. B. „Steh“, „Sitz“ oder „Platz“. Belohne deinen Hund, wenn er auf dem Baumstumpf in der gewünschten Position geblieben ist, bevor du ihm dann das Signal zum Herunterspringen gibst.

Martin schickt Luna um einen dicken, einzeln stehenden Baum herum.

Damit Luna unter dem Baumstamm hindurchpasst, muss sie sich ganz klein machen.

Luna sitzt ganz entspannt auf dem Baumstumpf und achtet auf die Signale von Martin.

Denkspiele: Fitness für das Gedächtnis

Bei Denkspielen liegt die Hauptintention auf der geistigen Auslastung des Hundes. Denkspiele können daher in der Regel hervorragend in der Wohnung durchgeführt werden, wenn du oder dein Hund z. B. gerade körperlich eingeschränkt seid und krankheitsbedingt keine großen Spaziergänge oder aktiven Beschäftigungsformen durchführen könnt. Durch Denkspiele förderst du zudem die Kreativität deines Hundes. Dabei gibt es Spiele, bei denen dein Hund hauptsächlich selbst ausprobieren muss, wie er die gestellte Aufgabe lösen muss, es gibt aber auch viele Spiele, bei denen ihr gemeinsam als Team agiert.

Basistricks

→ Selbstbewusstsein stärken

Bei der Beschäftigung mit Denkspielen ist es immer hilfreich, wenn dein Hund vorab gelernt hat, seine Nase oder Pfote einzusetzen. Natürlich kannst du ihn auch einfach ausprobieren lassen und ihn jedes Mal bei einer richtigen Aktion belohnen und motivieren, weiter auszuprobieren. Hat dein Hund für die häufigsten Aktionen bereits ein Signal gelernt, kannst du ihn damit beim Erlernen fortgeschrittener Tricks unterstützen.

Diese sogenannten Basistricks lernt dein Hund in der Regel durch Ausprobieren. Daher stärkt das Erlernen dieser Tricks das Selbstbewusstsein deines Hundes. Da dein Hund die Tricks später einmal immer nur durchführen wird, wenn du ihm das Signal dazu gibst, wird letztendlich auch die Orientierung des Hundes am Menschen gefördert.

Signal „Stups"

Beim Signal „Stups" soll dein Hund etwas mit seiner Nase berühren und anstupsen. Dabei kann es sich z. B. um ein kleines Schild (beim Tricktraining oft Target = „Ziel" genannt), das Ende eines Stabes (beim Tricktraining oft Targetstab = „Zielstab" genannt) oder um ein Körperteil wie z. B. die offene Handfläche handeln. Halte das Schild oder

Magyar Vizsla Jiggar stupst den Target-Stick mit der Nase zielsicher an.

den Stab in der Hand, während dein Hund interessiert vor dir steht und wartet. Halte die Hand nun in Richtung deines Hundes und warte. Nähert er sich interessiert deiner Hand, bestätigst du ihn für die Annäherung und gibst ihm ein Futterstück. Warte nun, bis sich dein Hund dem Gegenstand oder auch der geöffneten Hand selbst immer mehr nähert und diese irgendwann mit der Nase anstupst. Belohne dieses Verhalten mehrfach und steigere dann die Schwierigkeit, indem du die Hand immer wieder anders positionierst, also z. B. etwas weiter oben, etwas weiter unten, etwas weiter hinten. Hat dein Hund verstanden, dass er den Gegenstand oder auch deine Hand mit der Nase anstupsen soll, fügst du ein Hörzeichen wie z. B. das Signal „Stups" hinzu. Nach einigen Wiederholungen hat dein Hund verknüpft, dass er den Gegenstand mit der Nase anstupsen soll. Führe die Übung dann mit unterschiedlichen Gegenständen bzw. auch einmal nur mit deiner offenen Handfläche aus, damit dein Hund generalisiert, dass er bei diesem Signal die Nase einsetzen und die Fläche bzw. den Gegenstand vor sich anstupsen soll.

Signal „Touch"

Beim Signal „Touch" soll dein Hund etwas mit seiner Pfote berühren. Gewünscht ist zunächst einmal nur eine kurze Berührung, du kannst durch das Signal „Bleib" deinem Hund aber natürlich auch beibringen, mit der Pfote auf dem Gegenstand für längere Zeit stehen zu bleiben (siehe S. 57). In der Regel wird man das Signal „Touch" mit einem kleinen Schild aus Pappe oder Plastik aufbauen, da du dieses später auch an anderen Gegenständen oder z. B. auch an der Wand, die dein Hund mit der Pfote berühren soll, befestigen und ihm so weitere Tricks damit beibringen kannst. Lass deinen Hund nun warten, während du das Schild etwa einen Meter von ihm entfernt auf den Boden legst. Der Untergrund sollte dabei nicht zu glatt sein, damit das Schild nicht wegrutscht, wenn dein Hund darauftritt. Gib deinen Hund nun aus der Warteposition frei, z. B. mit dem Signal „Lauf". Du stehst dabei am besten nicht neben ihm, sondern ihm gegenüber. Das Schild liegt dabei mitten zwischen euch, sodass er auf dem Weg zu dir automatisch am Schild vorbeilaufen muss. Läuft dein Hund jetzt in Richtung Schild und schnüffelt vielleicht sogar noch interessiert daran, verstärkst du dieses Verhalten mit einem Futterstück. Wirf dieses am besten so, dass dein Hund sich wieder von dir und dem Schild entfernen muss, sodass er auf dem Rückweg automatisch wieder in Richtung Schild läuft, wenn er zu dir zurückkommen will. Nach einigen Wiederholungen wartest du nun darauf, dass sich dein Hund intensiver mit dem Schild beschäftigt und dabei seine Pfote einsetzt, indem er z. B. in Richtung des Schildes kratzt. Verstärke den ersten Einsatz der Pfote sofort wieder mit Futter. Schritt für Schritt muss dein Hund nun immer mehr Pfoteneinsatz zeigen, bis er mit seiner Pfote deutlich auf das Schild tritt.

Jiggar stellt die Pfote bereits für eine längere Zeit auf das am Boden liegende Schild.

Bei apportierfreudigen Hunden besteht die Gefahr, dass diese sofort versuchen, das Schild aufzuheben und zu apportieren. Anstelle eines Plastik- oder Pappschildes kannst du hier anfangs z. B. eine kleine Fliese nehmen. Diese ist zum einen viel schwerer als ein Plastikschild, zum anderen finden die meisten Hunde es eher unangenehm, das Porzellan ins Maul zu nehmen und sehen von einem Apportierversuch ab. Natürlich musst du bei dieser Variante in jedem Fall auf einem weichen Untergrund wie z. B. auf der Wiese oder einem Teppich üben, damit die Fliese nicht zerbricht, falls dein Hund sich trotzdem entschließt, einen Apportierversuch zu wagen.

Damit Ginala lernt, das Dummy länger festzuhalten, soll sie dieses tragen, während sie neben Andrea läuft.

Signal „Nimm"

Beim Signal „Nimm" handelt es sich im Grunde genommen um eine Variante des Apportierens. Dein Hund soll einen Gegenstand aufnehmen und so lange im Maul festhalten, bis du das Signal zum Loslassen gibst. Beginne das Training daher zunächst einmal wie auf Seite 59 ff. beschrieben. Bringt dein Hund Gegenstände, die du einige Meter von ihm weggeworfen oder ausgelegt hast, verringerst du im weiteren Training die Distanz, bis der Gegenstand direkt vor dir und deinem Hund liegt. Im nächsten Schritt hältst du den Gegenstand in der Hand, allerdings noch kurz über dem Boden. Fordere deinen Hund auf, den Gegenstand zu apportieren, also aus deiner Hand herauszunehmen und dir danach wieder zu geben. Hat dein Hund diese Übung verstanden, kannst du das neue Signal „Nimm" einführen und die Übung einige Male wiederholen. Steigere nun die Schwierigkeit, indem du die Position deiner Hand veränderst und diese einmal auf Nasenhöhe, dann über deinem Hund oder auch rechts bzw. links von deinem Hund hältst. Dein Hund hat nun gelernt, einen Gegenstand auf das Signal „Nimm" aus jeder Handposition und vom Boden direkt in deiner Nähe aufzuheben.

Ginala nimmt das Dummy aus Andreas Hand. Andrea sagt in dem Augenblick das Signal „Nimm".

Damit er lernt, einen Gegenstand in deiner Nähe nicht sofort an dich abzugeben oder alter-

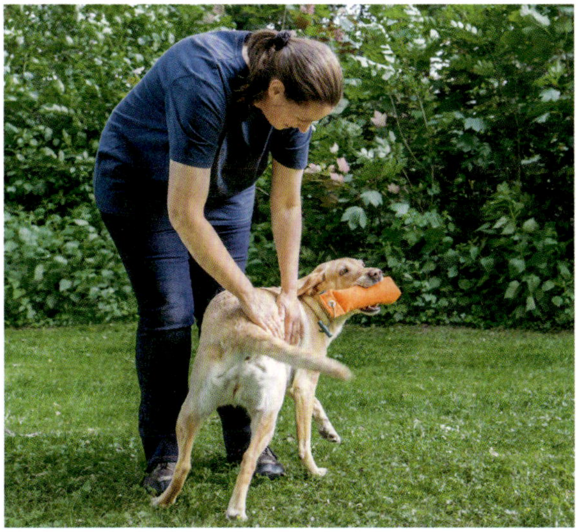

Zur Belohnung für das Festhalten, streichelt Andrea Ginala. So lässt diese das Dummy nicht sofort fallen.

Später lernt die Hündin, das Dummy auch im „Sitz-Bleib" ruhig festzuhalten, wenn Andrea sich entfernt.

nativ einfach fallen zu lassen, sondern noch einige Zeit lang ruhig im Maul zu halten, musst du Schritt für Schritt die Zeit, die dein Hund sich mit dem Gegenstand im Maul in deiner Nähe befindet, verstärken. Für die meisten Hunde ist es schwierig, in einer ruhigen Position, also z. B. sitzend oder stehend, in unserer Nähe mit einem Gegenstand im Maul zu warten. Beginne das Training daher anfangs in Bewegung.

Wirf deinem Hund einen Gegenstand und fordere ihn auf, diesen zu apportieren oder gib ihm den Gegenstand mit dem Signal „Nimm". Kommt dein Hund nun mit dem Gegenstand im Maul zurück bzw. hebt er den Gegenstand auf und nimmt ihn ins Maul, bewegst du dich ein paar Schritte rückwärts von ihm weg. Fasse dann an den Gegenstand und gib deinem Hund parallel dazu das Signal „Aus" (siehe S. 65). Verlängere nun die Strecke und verändere die Laufrichtung, indem du deinem Hund z. B. das Signal „Fuß" gibst und ihn aufforderst, einige Schritte neben dir herzulaufen.

Im nächsten Schritt bleibst du mitten in der Bewegung einmal kurz stehen, bevor du dich dann weiterbewegst. Diese kurze Pause kannst du nun immer weiter ausdehnen und deinen Hund dann auch auffordern, sich kurz zu setzen. Starte nach der kurzen Pause erst noch einmal mit einer Bewegungssequenz, da dein Hund sonst schnell die Erwartungshaltung hat, den Gegenstand nach dem Hinsetzen abzugeben. Bleibt dein Hund für eine kurze Zeit sitzen und hält den Gegenstand dabei fest, kannst du ihn auffordern zu bleiben und dich ein Stück von ihm entfernen. Danach gehst du entweder zu deinem Hund zurück oder rufst ihn zu dir und startest dann erneut mit einer Bewegungssequenz. So kannst du die Zeit, die dein Hund ruhig mit Gegenstand im Maul warten muss, immer weiter ausbauen. Damit dein Hund den Gegenstand nicht direkt fallen lässt, sobald du mit deiner Hand in dessen Richtung greifst, kannst du deinen Hund während der Bewegung anfassen und z. B. lobend streicheln. Beginne die Berührung deines Hundes anfangs nicht am Kopf, sondern eher mittig am Körper. Schritt für Schritt kannst du deinen Hund dann immer weiter vorn streicheln, bis du ihn am Kopf berühren kannst, ohne dass er den Gegenstand sofort fallen lässt.

Die Shiba Inu-Hündin Aimi hat viel Spaß am Tricktraining. Begeistert zieht sie einen Karton an einem Seil hinter sich her und bringt diesen so zu Nora.

Signal „Zieh“

Beim Signal „Zieh“ soll dein Hund an einem Gegenstand ziehen. Das Signal kannst du z. B. aus dem Apportiertraining bzw. dem Signal „Nimm“ weiterentwickeln. Häufig soll der Hund beim Signal „Zieh“ an einem Seil ziehen. Hier kannst du zuerst einmal ein einfaches Apportierspiel mit einem kurzen Seilstück durchführen. Bringt dein Hund das Seil zuverlässig (siehe S. 59 ff.), lässt du ihn es aus deiner Hand nehmen, wie es beim Signal „Nimm“ (siehe S. 128) beschrieben ist. Im nächsten Schritt hältst du das Seil immer ein wenig fester, bis dein Hund richtig daran ziehen muss, um es aus deiner Hand zu bekommen. Nach einigen Wiederholungen fügst du nun das Signal „Zieh“ hinzu und wiederholst auch diese Übung mehrfach. Damit dein Hund nicht nur dann zieht, wenn das Seil in deiner Hand liegt, wird es an einem Gegenstand wie z. B. einem kleinen Karton befestigt. Anfangs kannst du das Seil auch bei dieser Übung noch in der Hand halten. Sobald dein Hund das Seil aufnimmt, lässt du los und entfernst dich einen Schritt von ihm. Fordere dann mit dem Signal „Zieh“ deinen Hund auf, das Seil und damit den Karton in deine Richtung zu ziehen. Im letzten Schritt liegt das Seil auf dem Boden oder hängt am Karton herunter. Fordere deinen Hund wieder auf, anfangs aus sehr kurzer Distanz, später auch aus einer weiteren Distanz, das Seil aufzunehmen und daran zu ziehen.

Futterspiele

→ Selbstbewusstsein stärken

Bei den meisten Futterspielen soll dein Hund durch Ausprobieren herausfinden, wie er am schnellsten an ein verstecktes Futterstück gelangt. Daher stärken diese Spiele das Selbstbewusstsein deines Hundes und fördern seine Selbstständigkeit. Gerade zu Beginn sind diese Spiele für den Hund eine große Herausforderung, da er sich stark konzentrieren muss, um eine Lösung zu finden und an das Futter zu gelangen. Hat er das Spiel jedoch einmal gelöst, ist die Aufgabe für ihn in der Regel natürlich keine große Anforderung mehr. Dennoch macht es Hunden, auch wenn sie ein Spiel bereits beherrschen und die Lösung kennen, in der Regel viel Spaß, es immer wieder einmal zu spielen. Gerade für Mensch-Hund-Teams, die viele gemeinsame Spielvarianten durchführen, bei denen sich der Hund am Menschen orientieren muss, sind solche Spiele eine willkommene Abwechslung.

Hundeeis – die besondere Leckerei

Das Hundeeis ist besonders im Sommer begehrt. Nutze dazu einfach ein Spielzeug deines Hundes, z. B. aus Vollgummi, das ein Loch in der Mitte hat wie z. B. der Kong®. Diesen kannst du mit Joghurt füllen. Möchtest du deinem Hund eine besondere Freude machen, kannst du den Joghurt auch mit Leberwurst mischen. Stelle den Kong® dazu am besten auf einen Teller und fülle den Joghurt in das Loch in der Mitte ein. Dann wandert alles in den Gefrierschrank. Sobald die Joghurtmasse gefroren ist, kannst du das Hundeeis deinem Hund zur Beschäftigung geben. Am besten eignet sich hier als Spielwiese allerdings der Garten. Deine Wohnung würde ansonsten vermutlich einer Reinigung bedürfen, wenn dein Hund das Joghurteis aus dem Kong® geschleckt hat.

„Fische" fangen

Im Sommer bietet sich als Futtersuchspiel natürlich auch ein Spiel mit Wasser an. Verwende dazu eine der Größe deines Hundes angepasste Kiste. Dein Hund sollte von außen problemlos mit dem Kopf in die Kiste gelangen oder aber entspannt darin stehen können. Für dieses Spiel bietet sich z. B. eine Einkaufskiste, eine Sandmuschel für Kinder oder ein richtiges Hundeplanschbecken an. Fülle deine Kiste nun mit Wasser und wirf dann eine Handvoll Futterbrocken hinein. Dein Hund darf dabei natürlich zuschauen. Jetzt darf er die Futterbrocken aus dem Wasser fischen. Du kannst die Schwierigkeit steigern, indem du anfangs schwimmende Futterbrocken verwendest, später dann Futterbrocken, die untergehen und bei denen dein Hund mit dem Kopf untertauchen muss.

Als lustige Alternative kannst du dieses Spiel auch mit einem Apfel spielen. Dazu verwendest du als Wasserbecken am besten einen Eimer, da die Wasseroberfläche nicht zu groß sein sollte. Geht dein Hund nämlich anfangs nicht geschickt beim Fischen vor, wird der Apfel immer wieder wegschwimmen. Daher ist dieses Spiel bei einer kleineren Wasseroberfläche nicht ganz so schwer. Hat dein Hund den Apfel aus dem Wasser gefischt, darf er diesen natürlich fressen.

Jemma wartet gespannt auf ihr Hundeeis. Hierfür wurde Joghurt in den Kong® gefüllt und eingefroren.

Einen Futterbrocken aus dem Wasser zu fischen, ist für einen Hund gar nicht so einfach.

Cooper schaut gespannt zu, während Sarah einige Futterbrocken in die mit Papier gefüllte Kiste wirft.

Cooper taucht tief mit seiner Nase in die Kiste ein und sucht begeistert nach den Futterbrocken.

Futterkiste

Für die Futterkiste benötigst du einen der Größe deines Hundes angepassten Karton oder eine Plastikkiste. Für mittelgroße Hunde eignet sich z. B. eine Einkaufskiste gut. Gib nun einige Futterbrocken in die mit zerknülltem Papier gefüllte Kiste. Dein Hund muss sich nun durch die Kiste wühlen und zwischen den Papierknäueln suchen, um an das Futter zu gelangen. Verwende aber bitte keine zu kleinen Papierschnipsel, damit dein Hund das Papier nicht noch mitfrisst. Die Suche im Papier ist einfacher, da das Futter durch das Durchwühlen mit der Hundenase auf den Kistenboden fällt und dort gefressen werden kann. Schwieriger wird die Suche in einer Kiste, die du z. B. mit Korken füllst. Hier fallen die Futterstücke nicht so einfach auf den Boden. Diese Variante darfst du aber nicht mit Hunden durchführen, die so verfressen sind, dass sie die Korken einfach mitfressen würden.

Geschenke auspacken

Auch Hunde bekommen gern Geschenke, und das nicht nur am Geburtstag! Mach deinem Hund doch einmal eine Freude und verpacke einige Futterbrocken als Geschenk. Dazu nimmst du eine Handvoll Futter und streust dieses zwischen einige Blätter von zusammengeknülltem Zeitungspapier. Dieses Geschenk packst du nun mit einer Lage Pack- oder Geschenkpapier ein. Lass deinen Hund anfangs beim Einpacken ruhig noch zuschauen. Das fertige Geschenk überreichst du dann deinem Hund. Er wird zunächst einmal interessiert am Päckchen schnuppern. Bestätige ihn, wenn er beginnt, das Päckchen mit der Pfote oder den Zähnen zu bearbeiten und versucht, es aufzureißen. Unsicheren Hunden kannst du helfen, indem du das Päckchen selbst ein Stück öffnest oder es an einer Stelle beim Einpacken gar nicht erst fest verschließt.

Futterball

Das wohl bekannteste Futterspiel ist der Futterball. Diesen kannst du im Fachhandel in unterschiedlichen Größen und aus verschiedenen Materialien wie Hart- oder Weichplastik bzw. Gummi erwerben. Der Futterball ist ein Ball, in den du Futterstücke durch eine Öffnung einfüllen kannst. Schiebt dein Hund den Ball nun vor sich her, fallen aus einer oder auch mehreren Öffnungen die Futterstücke einzeln heraus. Die Schwierigkeit kannst du dabei durch die Größe der Futterstücke steigern. Sehr

Auch beim Einpacken des „Geschenkes“ darf Cooper beim ersten Mal noch zuschauen.

Zum Auspacken nutzt Cooper sowohl das Maul als auch die Pfoten, um an das Futter zu kommen.

kleine Futterstücke passen leicht durch die Öffnung und fallen dadurch schnell und in kurzem Abstand aus dem Futterball heraus. Je größer die Futterstücke werden, desto mehr muss dein Hund den Ball bewegen, damit ein Futterstück herausfällt. Natürlich dürfen die Futterstücke auch nicht zu groß sein, sie sollten gut aus der Öffnung herausfallen können.

Lass deinen Hund dabei zuschauen, wie du den Ball füllst. Dann legst du den Ball auf den Boden und motivierst deinen Hund, diesen zu untersuchen. Er wird das Futter im Ball riechen und interessiert daran schnuppern. Da du anfangs besser kleinere Futterstücke verwendest, kullern diese bereits durch die kleinste Bewegung, in die dein Hund den Ball durch das Schnuppern versetzt, heraus. Dein Hund erhält somit schon gleich am Anfang die erste Belohnung. Traut sich dein Hund nicht an den Ball, dann kannst du diesen natürlich auch einmal kurz selbst anstupsen und in Bewegung versetzen. Dein Hund wird schnell herausfinden, dass er den Ball herumkullern muss, um an das Futter zu gelangen. Damit du nun nicht ständig unter das Sofa kriechen musst, um den Ball wieder hervorzuholen, solltest du deinem Hund den Futterball möglichst in einem Raum zum Spielen geben, in dem es keine Stopps durch Schränke oder Sofas gibt, unter die der Ball kullern bzw. wo er steckenbleiben kann.

Luna liebt die Beschäftigung mit dem Futterball. Unermüdlich rollt sie ihn durch die Wohnung.

Luna liebt das Flaschendrehen. Der Geräteaufbau fordert ihre ganze Konzentration.

Futterrolle

Ein Spiel, das du sehr einfach selbst bauen kannst, ist die Futterrolle. Hierzu benötigst du lediglich eine PET-Flasche. Du solltest dabei eine Flasche aus hartem PET wählen, da weichere Flaschen schnell kaputtgehen und dein Hund sich in den entstandenen Schlitzen verletzen könnte. Bohre nun mehrere Löcher in die Flasche. Fülle einige Futterbrocken hinein und verschließe die Flasche mit dem Deckel. Dein Hund darf dabei anfangs zuschauen. Lege die Flasche auf den Boden und fordere deinen Hund auf, sich die Futterstücke aus der Flasche zu holen.

Das Prinzip der Futterrolle funktioniert genauso wie beim Futterball, dein Hund muss die Flasche nun anstupsen und rollen, damit die Futterstücke herausfallen. Anfangs verwendest du dabei auch hier kleinere Futterstücke, die leicht aus den Löchern herausfallen, später kannst du größere Futterstücke nehmen, sodass dein Hund die Flasche wirklich durch die Gegend rollen muss, damit das Futter herausfällt.

Flaschendrehen

Ein weiteres Futterspiel, das du mit einfachen Mitteln selbst bauen kannst, ist Flaschendrehen. Hierzu benötigst du eine feste PET-Flasche, in die du seitlich im oberen Drittel zwei sich gegenüberliegende Löcher bohrst. Durch diese beiden Löcher schiebst du dann eine Stange. Diese Stange kannst du nun entweder z. B. in einen Türrahmen klemmen oder in ein dafür angefertigtes Holzgestell. Dieses baust du aus einer Holzplatte sowie zwei kleinen Pfosten aus Holz, die du seitlich an der Platte befestigst. Die Höhe der Pfosten sowie natürlich auch die Größe der PET-Flasche sollten dabei an die Größe deines Hundes angepasst sein. Gib nun einen Futterbrocken in die Flasche und lass deinen Hund dabei zuschauen. Anfangs sollte das Futterstück so groß sein, dass es leicht durch die obere Öffnung der unverschlossenen Flasche fällt. Später kannst du größere Futterstücke verwenden, die nicht so leicht durch die Flaschenöffnung passen oder die Flasche mit dem Deckel verschließen und in diesen ein kleineres Loch bohren.

Fordere deinen Hund nun auf, an das Leckerli zu gelangen. Er muss jetzt die Flasche einmal drehen, damit das Futterstück herausfällt. Dazu kann dein Hund entweder seine Nase oder die Pfote einsetzen. Bestätige deinen Hund, wenn er

Nachdem der Ball in die Röhre gelegt wurde, kann das spannende Spiel beginnen: Wie kommt Ginala an den Ball?

sich mit der Flasche beschäftigt und motiviere ihn, die Flasche weiter zu bewegen. Anfangs kannst du deinem Hund auch helfen, indem du eine zögerliche Aktion mit der Pfote oder Nase unterstützt und die Flasche selbst weiterdrehst.

Futterröhre

Die Futterröhre kannst du ebenfalls mit einfachen Mitteln selbst bauen. Eine einfache, aber nicht sehr robuste Variante kannst du mithilfe einer Pappröhre, wie sie z. B. für den Versand verwendet wird und kleinen Schiebern aus Pappe bauen. Robuster und langlebiger ist die Variante aus Plastik. Hier kannst du z. B. ein Stück eines Regenrohres verwenden. Die Schieber kannst du aus einer dünnen Holzplatte aussägen. Besorge dir also ein der Größe deines Hundes angepasstes Rohr aus Pappe oder Plastik. In die Röhre schneidest du in verschiedenen Höhen sich gegenüberliegende Schlitze. Die Schlitze müssen dabei der Breite und Dicke der verwendeten Schieber entsprechen, dürfen aber natürlich nicht so breit sein, dass die Röhre nicht mehr stabil ist. Die Schieber müssen daher etwas weniger breit als der Durchmesser der Röhre sein. Da die Schieber auf beiden Seiten der Röhre einige Zentimeter herausstehen sollen, müssen sie etwas länger als der Röhrendurchmesser sein. Schneide dann unten an der Röhre eine große Öffnung, sodass ein oben eingeworfenes Futterstück problemlos unten herausfallen kann. Nun musst du die Röhre nur noch auf einer Platte aus Pappe oder Holz befestigen. Zu Beginn des Spiels ist noch kein Schieber in der Röhre.

Wirf nun oben ein Futterstück in die Röhre, während dein Hund dir dabei zuschaut. Das unten herausfallende Futterstück darf dein Hund jetzt fressen. Beim nächsten Mal steckst du einen der Schieber in die Röhre. Wirf erneut ein Futterstück in die Röhre, das nun auf dem Schieber liegen bleibt. Dein Hund muss nun als Nächstes lernen, den Schieber aus der Röhre zu ziehen, damit das Futterstück hinunterfallen kann. Damit er eine Idee hat, wie er an das Futter gelangen kann, kannst du ihn zuvor einen der Schieber apportieren lassen. Klappt das gut, nimmst du den Schieber in die Hand und forderst deinen Hund auf, diesen herauszuziehen (siehe S. 130). An der Röhre zeigst du nun auf den Schieber und forderst deinen Hund mit dem ihm bereits bekannten Signal auf, den Schieber herauszuziehen. Bei vorsichtigen Hunden kannst du zögerliche Ziehversuche auch unterstützen, indem du den Schieber ganz herausziehst, sodass das Futter herunterfällt und dein Hund seine Belohnung erhält. Diese Hilfe baust du natürlich Schritt für

Ginala liebt das Spiel mit der Röhre. Sie hat bereits gelernt, den Stab aus der Röhre herauszuziehen.

Da nur ein Stab in der Röhre steckt, fällt der Ball sofort herunter und rollt unten aus der Röhre heraus.

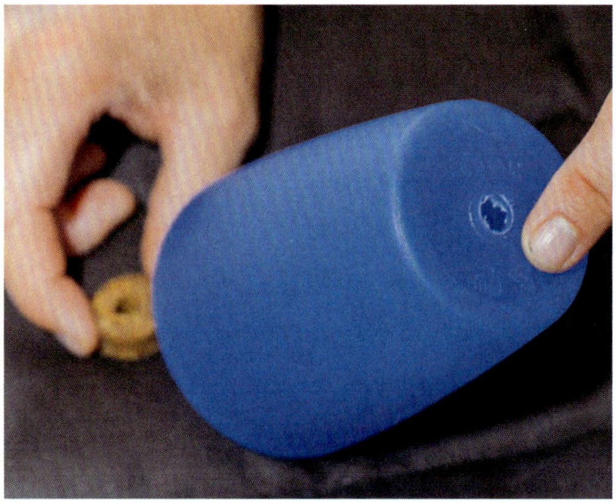

Andrea versteckt ein Futterstück unter dem blauen Becher. Die Öffnung im Boden lässt den Geruch gut durch.

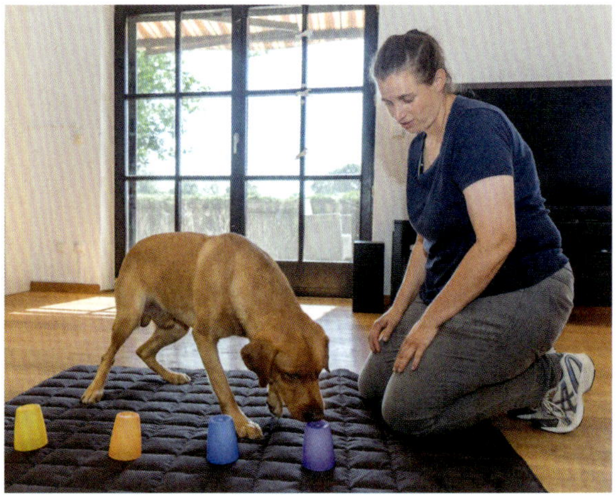

Labrador Retriever Jamie schnuppert konzentriert an jedem Becher, um den zu finden, unter dem das Futter liegt.

Schritt wieder ab. Im weiteren Verlauf steckst du dann immer mehr Schieber in die Röhre, sodass dein Hund erst alle Schieber nacheinander herausziehen muss, damit das Futterstück nach unten fällt.

Als Variante kannst du auch eine breitere Röhre bauen und anstelle von Futter einen Ball hineinwerfen. Den Ball kann dir dein Hund dann im Anschluss bringen.

Becherspiel

Beim Becherspiel geht es zunächst einmal darum, dass dein Hund lernt, ein Futterstück unter einem umgedrehten Becher hervorzuholen. Nimm dazu ein Futterstück in die Hand und lege es für deinen Hund deutlich sichtbar unter einen umgedrehten Plastikbecher. Alternativ kannst du für dieses Spiel z. B. auch Plastikschüsseln oder Pylonen aus dem Spielzeugbedarf verwenden. Diese sind etwas größer, sodass du z. B. anstelle eines Futterbrockens auch einen kleinen Futterbeutel oder ein kleineres Spielzeug darunterlegen kannst. Fordere deinen Hund nun auf, an das Futter zu gelangen. Dabei kann dein Hund die unterschiedlichsten Techniken einsetzen. Manche Hunde stupsen den Becher mit der Nase um, andere nehmen die Pfote zu Hilfe und werfen den Becher damit um. Damit dein Hund den Becher nicht durch die ganze Wohnung schiebt, solltest du das Spiel auf einem rutschfesten Untergrund wie z. B. auf Teppich durchführen.

Dieses Spiel kannst du erweitern, indem du mehrere Becher verwendest. Beginne dabei zunächst einmal nur mit einem weiteren Becher, bevor du im Verlauf des Trainings immer mehr Becher hinzufügst. Für diese Spielvariante solltest du die Becher nun oben mit einem kleinen Loch versehen. Dein Hund soll am Becher schnüffeln und vor dem Umwerfen herausfinden, unter welchem der Becher sich das Futterstück befindet. Lass deinen Hund anfangs noch zuschauen, unter welchem der Becher du den Futterbrocken versteckst. Schicke deinen Hund nun zur Suche. Schnuppert er am richtigen Becher, bestärkst du ihn, indem du ihn lobst und ermunterst, den Becher umzuwerfen. Falls sich dein Hund mit dem falschen Becher beschäftigt, lass ihn einfach erst einmal in Ruhe ausprobieren. Die meisten Hunde merken schnell, dass sich kein Futter unter dem Becher befindet und beschnuppern den anderen Becher. Falls dein Hund zu den Übereifrigen gehört und den falschen Becher direkt umwirft,

Jamie sucht die Becher der Reihe nach ab und findet schließlich das Futterstück unter dem blauen Becher.

Das Futter darf er nun zur Belohnung fressen. Danach kann das lustige Spiel wieder von vorn losgehen.

verwendest du einfach das Signal „Falsch“ (siehe S. 37 f.) und stellst den Becher kommentarlos wieder auf. Danach schickst du deinen Hund erneut zur Suche. Schnell wird er merken, dass es sich nur lohnt, den Becher umzuwerfen, unter welchem er das Futterstück riecht.

Intelligenzspiele

Wer ein wenig handwerklich begabt ist, kann seinem Hund noch viele weitere Futterspiele selbst bauen. Der Hund kann dabei Schubladen herausziehen, Deckel aufklappen oder hochnehmen, Schieber zur Seite schieben oder auch drehen. Wenn du diese ganzen Möglichkeiten noch in einem Spiel kombinierst und dein Hund erst mehrere Aktionen durchführen muss, um an das Futterstück zu gelangen, sind die möglichen Variationen sehr vielfältig. Sei einfach kreativ und lass dir immer neue Spiele einfallen. Für all diejenigen, die keine Möglichkeit haben, ihrem Hund immer neue Spiele selbst zu bauen, gibt es mittlerweile im Handel Futterspiele, die meistens als Intelligenzspiele bezeichnet werden, in den unterschiedlichsten Varianten und Schwierigkeitsstufen zu kaufen. Achte darauf, dass diese Spiele robust sind und nicht bereits nach zwei oder drei Spieldurchgängen beschädigt werden können. Geeignet sind hierbei in der Regel Spiele aus festem Holz, da diese durchaus auch dem Einsatz von Krallen und Zähnen standhalten. Spiele aus Plastik eignen sich daher nur für vorsichtige Hunde.

Sogenannte „Intelligenzspiele“ gibt es mittlerweile im Handel in verschiedenen Variationen zu kaufen.

Der Hund als Haushaltshelfer

→ Orientierung fördern

Die meisten Hunde haben viel Spaß daran, kleinere Tricks und Kunststücke zu lernen. Daher bietet es sich geradezu an, deinem Hund Handlungen beizubringen, mit denen er dir den Alltag erleichtern kann. Du wirst sehen, dass diese Beschäftigungsform nicht nur deinem Hund viel Spaß macht. Die meisten Handlungen, die ein Hund im Haushalt ausführen kann, werden auf der Grundlage der Basistricks aufgebaut. Sollte dein Hund diese noch nicht beherrschen, empfehle ich dir erst einmal mit diesen zu beginnen (siehe S. 126 ff.). Der Hund als Helfer im Haushalt arbeitet eng mit dem Menschen zusammen. Daher fördert diese Beschäftigungsform die Orientierung des Hundes am Menschen.

Licht anschalten / ausschalten

Du hast es dir gerade auf dem Sofa bequem gemacht, möchtest gemütlich den Fernsehabend genießen und stellst auf einmal fest, dass du vergessen hast, das Licht auszumachen? Kein Problem, du brauchst nicht mehr aufzustehen, wenn dein Hund diese Aufgabe gelernt hat. Er wird sie gern für dich übernehmen.

Für diesen Trick muss dein Hund lernen, den Lichtschalter mit der Pfote zu berühren. Dazu musst du ihm zunächst einmal das Signal „Touch“ auf ein Papier- oder Plastikschild beibringen, wie es bei „Basistricks“ beschrieben ist (siehe S. 127). Dein Hund berührt nun das auf dem Boden liegende Schild mit der Pfote. Lege das Schild jetzt an immer andere Orte, erst einmal aber noch auf dem Boden liegend. Nun klebst du das Schild an der Wand fest. Einigen Hunden fällt dieser Schritt besonders schwer. In diesem Fall kannst du noch einen Zwischenschritt mithilfe eines Holzbrettes einbauen. Befestige das Holzbrett an der Wand oder an einem Pfosten so, dass es eine Schräge bildet und klebe dein Schild darauf. Fordere deinen Hund auf, das Schild nach dem Signal „Touch“ zu berühren. Das Brett darf natürlich nicht wegrutschen, wenn dein Hund mit seiner Pfote das Schild und damit das Brett berührt. Hat dein Hund die Übung verstanden, kannst du das Brett immer höher befestigen, sodass es immer steiler steht. Letztendlich kannst du dann mit deinem Hund auch an einer senkrecht stehenden Fläche wie der Zimmerwand trainieren. Schritt für Schritt klebst du nun das Schild immer höher, bis du es direkt auf dem Lichtschalter befestigst. Im weiteren Training verwendest du nun

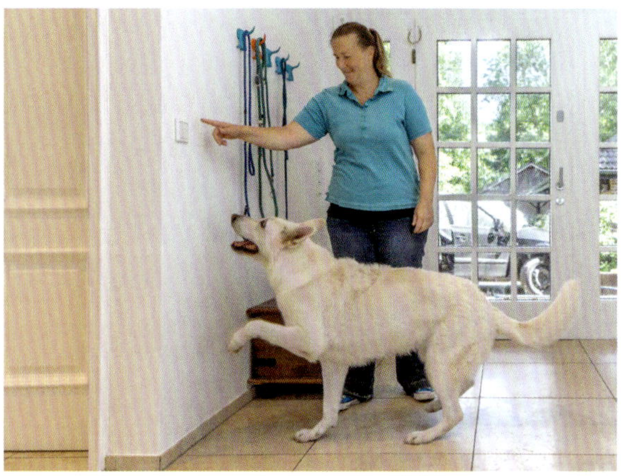

Nicole zeigt auf den Lichtschalter, den die Weiße Schweizer Schäferhündin betätigen soll.

Gaia springt hoch und drückt mit ihrer Pfote auf den Lichtschalter.

Ginala öffnet die Schublade, indem sie am Seil zieht. Anfangs ist zur Hilfe noch ein kleines Dummy am Seil befestigt, sodass Ginala das Seil leichter greifen kann.

ein immer kleineres Schild, bis dein Hund schließlich auf den Lichtschalter ohne Schild drückt. Füge jetzt anstelle des Signals „Touch" das neue Signal wie z. B. „Licht" hinzu. Anfangs stehst du noch direkt neben deinem Hund und dem Lichtschalter. Später kannst du die Übung schrittweise immer weiter vom Lichtschalter entfernt beginnen, bis du deinen Hund aus einigen Metern zum Lichtschalter schicken kannst. Trainierst du nun noch in verschiedenen Räumen, wird dein Hund generalisieren, dass er beim Signal „Licht" einen Schalter an der Wand drücken soll. Da die Pfoten deines Hundes nicht immer sauber sind und manche Hunde auch die Krallen beim Drücken des Schalters einsetzen, solltest du rund um die Lichtschalter einen Schutz z. B. aus Plastik anbringen. Dieser Trick funktioniert leider nur mit mittelgroßen bis großen Hunden, da die kleinen Hunde in der Regel nicht an den Lichtschalter heranreichen.

Schublade / Tür öffnen / schließen

Du willst ins Wohnzimmer, doch die Tür ist leider geschlossen und du hast beide Hände voll? Oder hast du es dir gerade auf der Couch gemütlich gemacht und stellst nun fest, dass du vergessen hast, die Tür zu schließen, sodass es kalt hereinzieht? Lass diese Aufgaben doch einfach durch deinen Hund erledigen. Den Aufbau der Übungen kannst du analog auch nutzen, um deinem Hund beizubringen, Schubladen zu öffnen oder zu schließen.

Um deinem Hund beizubringen, Türen oder Schubladen zu öffnen, muss er zunächst das Signal „Zieh" lernen, wie es unter „Basistricks" beschrieben ist (siehe S. 130).

Befestige jetzt das Seil an der Tür oder der Schublade. Anfangs sollte die Tür bzw. die Schublade noch nicht vollständig geschlossen sein, damit es dein Hund nicht zu schwer hat. Denn bei Schubladen muss meist ein kleiner Wiederstand überwunden werden und bei der Tür muss der Hund ja erst mit der Klinke den Mechanismus für das Türschloss öffnen. Fordere deinen Hund nun auf, am Seil zu ziehen. Schritt für Schritt schließt du die Tür bzw. Schublade immer mehr, bis dein Hund auch die geschlossene Tür bzw. Schublade öffnen kann. Zu Beginn des Trainings stehst du noch direkt neben deinem Hund und der Tür bzw. Schublade. Später startest du die Übung immer weiter entfernt, bis du deinen Hund auch aus der Distanz zur Tür oder Schublade schicken kannst.

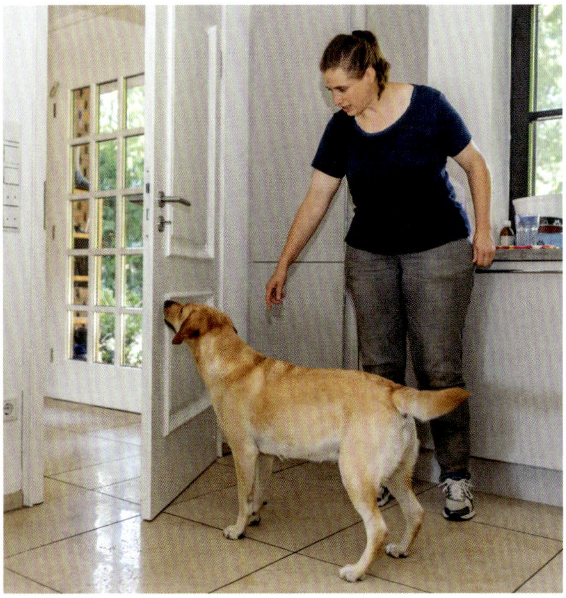

Lilyen schließt die Zimmertür, indem sie auf ein Signal von Andrea mit der Schnauze die Tür anstupst.

Für das Schließen von Tür oder Schublade musst du deinem Hund zunächst das Signal „Stups" beibringen (siehe S. 126 f.). Stelle dich nun direkt neben die Tür. Wenn du deinem Hund das Signal „Stups" mithilfe eines Schildes beigebracht hast, befestigst du dieses nun auf der Tür bzw. Schublade. Alternativ zeigst du einfach auf die Tür bzw. Schublade. Fordere deinen Hund nun auf, die Tür bzw. Schublade mit der Nase zu berühren. Anfangs reicht dabei eine leichte Berührung. Wenn die Tür bzw. Schublade dabei schon fast geschlossen ist, wird sie auch bei einer leichten Berührung zufallen. Im weiteren Training soll dein Hund nun die Tür bzw. Schublade immer stärker anstupsen, die Tür bzw. Schublade ist dabei auch immer weiter geöffnet. Anfangs stehst du bei der Übung noch direkt neben deinem Hund, später entfernst du dich Schritt für Schritt immer weiter von der Tür bzw. Schublade, bis du deinen Hund auch aus einigen Metern Distanz zur Tür oder Schublade schicken kannst, um diese zu schließen.

Spielzeug aufräumen

Du hast für deinen Hund viele verschiedene Spielzeuge angeschafft, die nicht immer überall in der Wohnung herumliegen sollen? Dann bring ihm doch bei, diese in eine Kiste zu räumen. Für diesen Trick muss dein Hund zunächst das Apportieren lernen (siehe S. 59 ff.).

Lege nun ein Spielzeug im Zimmer aus und fordere deinen Hund auf, dir dieses zu bringen. Du sitzt dabei direkt neben der Kiste, in die dein Hund das Spielzeug zukünftig einräumen soll. Halte nun die Hand über die Kiste und lass deinen Hund das Spielzeug in deine Hand legen. Im nächsten Schritt nimmst du in dem Augenblick, in dem dein Hund das Spielzeug in deine Hand legt, die Hand weg, sodass das Spielzeug automatisch in die Kiste fällt. Wiederhole diese Übung mehrmals. Im weiteren Verlauf hältst du die Hand nur noch an den Rand der Kiste. Hast du deinem Hund das Signal „Aus" beigebracht (siehe S. 65), kannst du ihm auch helfen, indem du im richtigen Augenblick, also wenn er sich mit dem Spielzeug in der Schnauze genau über der Kiste befindet, das Signal „Aus" gibst. Hat dein Hund verstanden, dass er das Spielzeug in die Kiste fallen lassen soll, kannst du ein neues Signal wie z. B. „Aufräumen" hinzufügen. Schritt für Schritt entfernst du dich nun immer weiter von der Kiste, bis du deinen Hund mit dem Spielzeug im Maul auch aus der Distanz zur Kiste schicken kannst.

Tretmülleimer öffnen

Tretmülleimer sind für Tricks mit Hunden wie geschaffen. Wenn du deinem Hund bereits das Signal „Touch" beigebracht hast, brauchst du nur noch dein Schild, das dein Hund gelernt hat, mit der Pfote zu berühren, auf die Taste des Mülleimers kleben. Hat dein Hund verstanden, dass er auf die Taste treten soll, kannst du ein neues Signal wie z. B. „Müll" einführen. Nun muss dein Hund nur noch lernen, die Taste des Mülleimers für längere Zeit gedrückt zu halten. Da du in der Regel neben deinem Hund stehst und etwas in den Mülleimer hineinwerfen möchtest, forderst du deinen Hund nun auf, in der Position zu bleiben. Belohne ihn anfangs für das Warten mit mehreren Futterstücken. Auf ein Signal von dir wie z. B. das Wort „Okay" löst du die Übung auf, dein Hund darf seine Pfote wieder von der Taste herunternehmen. Die Futterstücke baust du dann Schritt für Schritt im weiteren Training ab, bis dein Hund erst nach der gesamten Aufgabe belohnt wird. Steht dein Mülleimer immer in Reichweite deines Hundes, musst du dir natürlich vorab überlegen, ob du ihm diesen Trick beibringen möchtest.

Reißverschluss öffnen / Jacke ausziehen

Dein Hund kann dir auch die Jacke öffnen. Dazu musst du ihm zunächst einmal das Signal „Zieh" beibringen (siehe S. 130). Befestige dann eine Schnur an deinem Reißverschluss. Setz dich vor deinen Hund, mach ihn auf die Schnur aufmerksam und fordere ihn auf, an ihr zu ziehen. Anfangs ist der Reißverschluss nur wenig geschlossen, sodass die Jacke sofort aufgeht, wenn dein Hund an der Schnur zieht. Im weiteren Training kannst du die Jacke immer weiter schließen, bis dein Hund den gesamten Reißverschluss öffnen kann.

Auch das Ausziehen der Jacke kannst du deinem Hund mit dem Signal „Zieh" beibringen. Nimm dazu einen deiner Arme aus der Jacke, diese liegt aber noch über deiner Schulter. Halte deinem Hund nun den leeren Jackenärmel hin und fordere ihn auf, daran zu ziehen. Sobald dein Hund zieht, drehst du dich ein wenig ein, sodass die Jacke auf der einen Seite herunterfällt. Im weiteren Training bleibt dein Arm in der Jacke, sodass dein Hund am Jackenärmel ziehen muss und dir somit die ganze Jacke von der Schulter zieht. Durch eine leichte Drehung kannst du ihm dabei helfen.

Ginala ist ein wahrer Haushaltshelfer. Geschickt drückt sie auf die Taste des Tretmülleimers.

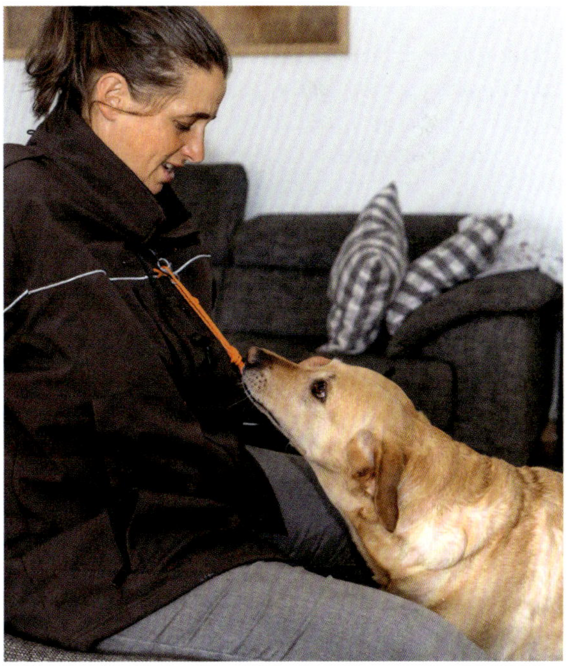

Auch den Reißverschluss an Andreas Jacke kann sie öffnen, indem sie an einem daran befestigten Seil zieht.

Socken ausziehen

Für diesen Trick musst du deinem Hund zunächst das Signal „Zieh" beibringen (siehe S. 130). Starte das Training, indem du einen deiner Socken nur ein Stück weit über deine Zehen streifst. Setz deinen Hund vor dir ab, halte ihm den Fuß mit der Socke hin und fordere ihn auf, an dieser zu ziehen. Jede Aktion mit der Socke wird dabei bestätigt. Im weiteren Training ziehst du die Socke immer weiter über deinen Fuß. Bei stürmischen und unvorsichtigen Hunden solltest du jedoch auch weiterhin erst einmal die Zehen einziehen und somit deinem Hund Platz für seine Zähne machen. Die meisten Hunde lernen jedoch schnell, dass sie die Socke nur mit den Schneidezähnen greifen dürfen, da sich darunter deine empfindlichen Zehen befinden.

Hausschuhe bringen

Diese Übung ist gerade für apportierfreudige Hunde sehr einfach zu lernen. Bring dazu deinem Hund zunächst einmal das Apportieren bei (siehe S. 59 ff.). Starte das Apportiertraining mit einem deiner Hausschuhe. Belege dabei den Schuh mit einem separaten Signal wie z. B. „Schuh". Nach einigen Wiederholungen hat dein Hund sicher verstanden, dass er auf dieses Signal deinen Hausschuh bringen soll. Verstecke nun den Hausschuh, sodass dein Hund diesen zunächst einmal suchen muss. Baue das Training dabei so auf, wie es im Kapitel „Suche" auf Seite 86 ff. beschrieben ist. Bald schon kannst du deinen Hund, wenn du von der Arbeit nach Hause kommst, direkt losschicken und ihn deine Hausschuhe suchen und bringen lassen.

Telefon bringen

Du sitzt gerade gemütlich auf dem Sofa, als das Telefon klingelt. Natürlich hast du wieder einmal vergessen, dieses zum Sofa mitzunehmen. Schicke doch einfach deinen Hund los, damit er dir das Telefon holt. Für diesen Trick musst du deinem Hund zunächst einmal das Apportieren beibringen (siehe S. 59 ff.). Starte nun das Training mit dem Telefon, indem du dieses auslegst und deinen Hund aufforderst, es dir zu bringen. Hat dein Hund die Übung verstanden, kannst du ein neues Signalwort wie z. B. „Telefon" hinzufügen. Bei dieser Übung solltest du allerdings bedenken, dass einige Hunde beim Apportiergegenstand sehr fest zugreifen und das Telefon dabei kaputtgehen könnte. Dieser Trick eignet sich daher nur für sogenannte „weichmäulige" Hunde, die Apportiergegenstände sehr vorsichtig aufnehmen und tragen.

Chica zieht Ramona vorsichtig den Socken aus, indem sie an der Sockenspitze zieht.

Wäller-Hündin Yanni hat Ramonas Hausschuh gesucht und bringt diesen zu ihr.

Ein Schlüssel ist schnell verlegt. Wie praktisch, wenn man einen Haushaltshelfer wie Arjuna hat, die den Schlüssel sucht und anzeigt.

Schlüssel suchen und bringen

Du hast wieder einmal den Schlüssel verlegt und weißt nicht, wo sich dieser befindet? Kein Problem für deinen Schlüsselsuchhund. Da Hunde nicht gern metallische Gegenstände apportieren, befestigst du am Schlüssel einen kleinen Apportiergegenstand wie z. B. ein Mini-Dummy. Bring deinem Hund nun das Apportieren bei (siehe S. 59 ff.). Hat er gelernt, verschiedene Gegenstände zu apportieren, beginne das Training mit deinem Schlüssel. Bei geräuschempfindlichen Hunden solltest du anfangs nur einen, später dann zwei und mehr Schlüssel an den Schlüsselbund befestigen, damit sich dein Hund an das Geräusch der klappernden Schlüssel gewöhnen kann. Verwende ein neues Signalwort wie z. B. „Schlüssel“, bis dein Hund das Apportieren des Schlüssels mit diesem Signal verbunden hat. Nun versteckst du den Schlüssel und lässt ihn von deinem Hund suchen. Gehe dabei genauso vor, wie es bei „Suche“ beschrieben ist (siehe S. 86 ff.). Da viele Menschen den Schlüssel gern auch erhöht, wie z. B. auf der Küchenanrichte, liegen lassen, solltest du deinem Hund auch noch das Verweisen beibringen (siehe S. 89 ff.). Denn falls dein Hund einmal nicht an deinen Schlüsselbund herankommen kann, wird er dir durch Verweisen anzeigen, wo er sich befindet.

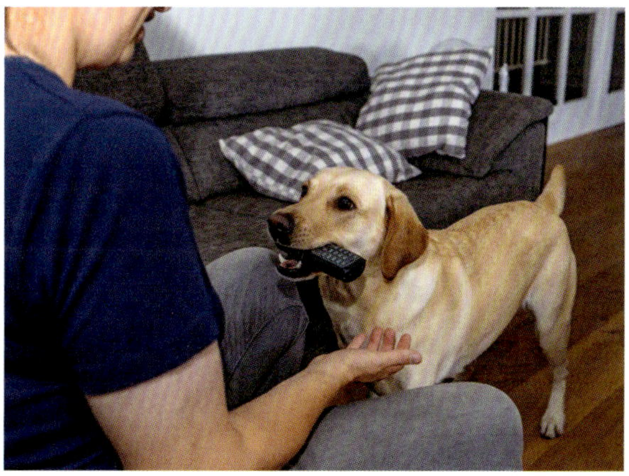

Immer wenn das Telefon klingelt, sucht Lilyen es und bringt es vorsichtig zu Andrea.

Als Apportierhund liebt Labrador Retriever Jamie alle Apportierspiele. Begeistert trägt er die Tasche während des Spaziergangs für Martin.

Einkäufe / Brötchen tragen

Genauso wie dein Hund lernen kann, die Hausschuhe oder die Leine zu tragen, kannst du ihm z. B. auch beibringen, deine Brötchen vom Bäcker oder leichtere Einkäufe zu tragen. Da sich Brötchentüten in der Regel für Apportierübungen nicht eignen, da sie schnell durchweichen, verstaust du die Brötchen oder auch die Einkäufe am besten in einem Korb oder in einer geeigneten Tragetasche. Hervorragend dafür geeignet ist z. B. die Hundetragetasche. Diese Tasche besteht aus abwischbarer Plane und besitzt einen robusten Griff, mit dem dein Hund die Tasche perfekt tragen kann.

Bring deinem Hund zunächst einmal das Signal „Nimm" bei (siehe S. 128). Nimm die Tasche nun in die Hand und halte sie deinem Hund so hin, dass er den Griff direkt vor seinem Maul hat. Fordere ihn mit dem Signal „Nimm" auf, die Tasche am Griff zu nehmen und lass ihn diese ein Stück weit tragen. Im weiteren Training verlängerst du die Strecke immer weiter. Zudem stellst du die Tasche auch auf den Boden, sodass dein Hund lernt, diese aus größerer Distanz aufzunehmen und zu holen.

Die Leine bringen / tragen

Die Übung „Leine bringen" baust du analog der Übung „Hausschuhe bringen" auf (siehe S. 142). Es handelt sich hierbei im Grunde genommen lediglich um eine Apportierübung mit der Leine als Apportiergegenstand. Achte dabei aber darauf, dass dein Hund die Leine auch wirklich holen kann. Wenn diese an deiner Garderobe hängt, kann es passieren, dass ein übereifriger Hund beim Versuch, die Leine herunterzuholen, die ganze Garderobe herausreißt oder andere Dinge auf ihn herunterfallen und ihn erschrecken oder verletzen.

Auf dem Spaziergang kannst du deinen Hund die Leine auch tragen lassen. Dazu musst du ihm zunächst einmal das Signal „Nimm“ beibringen (siehe S. 128). Kennt dein Hund dieses Signal, nimmst du die Leine in die Hand, motivierst deinen Hund und gibst ihm dann das Signal „Nimm“. Achte darauf, dass du ihm nicht den Karabiner ins Maul legst, da viele Hunde es als unangenehm empfinden, Metall zu apportieren.

„Hol die Oma“

Gerade Mehrhundehalter werden viel Freude an diesem Signal haben. Beim Training mit unseren jungen Hunden nehmen wir immer auch die Senioren mit. Diese haben in der Trainingszeit in der Regel „frei“ und dürfen auf dem Trainingsgelände herumlaufen, schnüffeln und all dem nachgehen, wozu sie Lust haben. Dabei entfernen sie sich jedoch oftmals auch ein ganzes Stück. Solange dein Senior noch gut hört, kannst du ihn nach Trainingsende natürlich einfach zu dir rufen. Doch was tun, wenn der alte Herr oder die alte Dame bereits taub ist und gerade partout nicht in deine Richtung blickt? Da hilft dann leider auch kein Sichtzeichen. Unsere alte Oma hatte daher im Freilauf immer ein kurzes Stück Leine am Geschirr hängen. Dieses war natürlich ohne Schlaufen und Ösen, sodass sie nirgends hängenbleiben konnte. Zum Ende des Trainings wurde nun einer der jüngeren Hunde mit dem Signal „Hol die Oma“ zur alten Dame geschickt. Der junge Hund nahm daraufhin das Seil am Geschirr von Oma auf und führte sie zu uns zurück.

Und so baust du die Übung auf: Befestige ein längeres Seil am Geschirr deines älteren Hundes. Fordere deinen jungen Hund mit dem Signal „Zieh“ auf, das Seil aufzunehmen und zu dir zu bringen. Schritt für Schritt verkürzt du nun das Seil und vergrößerst die Distanz zu dir. Dabei bekommt bei dieser Übung nicht nur der junge Hund eine Belohnung für die durchgeführte Übung, auch der Senior wird für das bereitwillige Folgen belohnt. Diese Übung kannst du natürlich nur dann mit deinen Hunden durchführen, wenn diese sich gut miteinander vertragen. Zudem sollte der junge Hund nicht allzu stürmisch bei der Aufgabe vorgehen, er soll den Senior schließlich nicht hinter sich herziehen.

Luna möchte auch auf dem Spaziergang beschäftigt werden und trägt eine Zeit lang die Leine.

Ein älterer Hund bleibt gern einmal zurück und kann dann von dem jüngeren Hund geholt werden.

Weitere Tricks

→ Orientierung fördern

Beim Tricktraining gibt es unendlich viele verschiedene Tricks, die du deinem Hund beibringen kannst. Achte dabei einfach auf deinen Hund und was dieser an Verhaltensweisen anbietet. Sei kreativ, kombiniere Tricks bis hin zu ganzen Trickabfolgen. Vielleicht kannst du dann sogar eine kleine Vorführung organisieren? Dein Publikum wird bestimmt begeistert sein.

Grundsätzlich sind alle Tricks erlaubt, an denen du und dein Hund Spaß habt. Das Tricktraining fördert wie kaum ein anderes Training die Orientierung des Hundes am Menschen, da er genau auf seinen Menschen achten muss, um keine Anweisung zu verpassen. Achte aber bei der Durchführung darauf, dass du deinen Hund nicht erst in eine unangenehme Lage versetzen musst, damit er einen Trick überhaupt lernt. Ein Beispiel dafür ist der Trick „Schäm dich". Oft wird hier empfohlen, dem Hund zum Lernen dieses Tricks einen Klebestreifen auf der Nase zu befestigen. Da dieser in der Regel vom Hund als störend empfunden wird, versucht er den Klebestreifen mit der Pfote von der Nase abzustreifen. Dieser Augenblick soll dann belohnt und verstärkt werden, damit der Hund nach einigen Wiederholungen und dem Hinzufügen eines Signalwortes lernt, die Pfote zur Nase zu führen und sich „zu schämen". Der Einsatz eines solchen Hilfsmittels wie des Klebestreifens, um einen Trick zu lernen, ist moralisch und ethisch allerdings infrage zu stellen.

Whippet-Rüde Desmond beherrscht das Signal „Gib Pfötchen" bereits perfekt.

Gib Pfötchen

Damit dein Hund lernt, auf dein Signal seine Pfote in deine Hand zu legen, kannst du das Signal „Touch" nutzen (siehe S. 127). Lege dann einfach das Schild, das dein Hund bereits gelernt hat, mit der Pfote zu berühren, in deine Hand und fordere ihn auf, dieses zu berühren. Füge nun ein neues Signalwort wie z. B. „Pfötchen" hinzu und lass das Schild nach einigen Wiederholungen weg.

Kennt dein Hund das Signal „Touch" nicht, nimmst du einfach ein Futterstück in deine Hand. Lass deinen Hund vor dir sitzen und halte ihm das Futterstück in deiner geschlossenen Hand hin. Dein Hund wird nun vermutlich versuchen, an das Futter zu kommen, indem er mit der Nase an deine Hand stupst. Ignoriere dies einfach und warte darauf, dass er seine Pfote einsetzt. In diesem Augenblick belohnst du ihn und gibst ihm das Futter. Verstärke nun jede Aktion mit der Pfote und füge ein Signalwort wie z. B. „Pfötchen" hinzu. Im weiteren Verlauf soll dein Hund die Pfote in die offene Hand legen oder später sogar die Hand „abklatschen", das Futter erhält er erst nach der Übung aus der anderen Hand.

Männchen machen

Bei diesem Signal braucht dein Hund eine gute Körperbeherrschung. Er soll lernen, aus dem Sitzen heraus den Oberkörper anzuheben, die Pfoten nach oben auszustrecken und in dieser Position eine Zeitlang zu verharren. Bring deinen Hund zunächst

Gaia muss sich beim Signal „Männchen machen" gut ausbalancieren.

Easy führt auf das Signal von Vera den Trick „Verbeugung" aus und hält diese Position bereits für einige Zeit.

einmal in die Position „Sitz" (siehe S. 55). Locke ihn nun mit einem Futterstück, das du über seine Nase leicht nach hinten und oben führst, mit dem Oberkörper nach oben. Hier brauchst du viel Geduld und musst wirklich jede kleinste Bewegung in die richtige Richtung belohnen. Viele Hunde brauchen lange, bis sie gelernt haben, ihren Körper auf den Hinterbeinen auszubalancieren.

Eine Abwandlung dieses Tricks ist das Signal „Tanzen", bei dem dein Hund nicht sitzenbleiben soll, wenn er sich mit dem Oberkörper aufrichtet, sondern sich auf die Hinterbeine stellen soll. Der Aufbau funktioniert genauso wie beim Trick „Männchen machen", du musst das Futter einfach nur höher halten und deinen Hund damit locken, sich mit den Hinterbeinen aufzurichten. Für sehr große Hunde ist dieser Trick natürlich nicht geeignet, denn sie sind nicht in der Lage, ihr Gewicht so lange in dieser Position zu halten.

Verbeugung

Die Verbeugung bringst du deinem Hund ähnlich wie das Signal „Down" bei (siehe S. 56). Beginne die Übung allerdings nicht aus dem Sitzen wie beim Aufbau des Signals „Down", sondern aus dem Stehen heraus. Die meisten Hunde gehen aus dem Stand zuerst mit den Vorderbeinen hinunter, wenn sie sich hinlegen wollen. Signalisiere deinem Hund, dass er sich hinlegen soll, indem du mit der flachen Hand, in der sich wieder ein Futterstück befindet, vor der Nase deines Hundes nach unten deutest. Nun heißt es schnell sein! In dem Augenblick, in dem dein Hund die Vorderbeine absenkt, belohnst du ihn bereits mit einem Lobwort wie z. B. „Prima" und dem Futterstück. Warte dabei anfangs noch nicht so lange, bis die Vorderbeine auf dem Boden liegen, dies kannst du später, wenn dein Hund verstanden hat, dass es sich um eine neue Übung handelt, noch verfeinern.

Nach einigen Wiederholungen fügst du ein neues Signalwort wie z. B. „Danke" oder „Verbeugung" hinzu. Warte dann darauf, dass dein Hund sich immer mehr mit den Vorderbeinen komplett ablegt, bevor du ihn belohnst. Geht dein Hund mit den Vorderbeinen vollständig auf den Boden, signalisiere ihm mit dem Signal „Bleib" (siehe S. 57), dass er jetzt noch eine Zeitlang in dieser Position verharren soll. Erst wenn du die Übung z. B. mit dem Signal „Okay" auflöst, darf er die Position verlassen und wieder aufstehen.

Sonja führt das Futter über Desmonds Schulter nach hinten.

Er verfolgt es mit dem Kopf und rollt sich über den Rücken.

Rolle

Nicht alle Hunde mögen es, sich auf den Rücken zu legen und auf die andere Seite zu rollen. Vor allem unsicheren Hunden sowie Hunden mit gesundheitlichen Problemen an der Wirbelsäule fällt dieser Trick schwer. Verzichte dann lieber darauf, es gibt ja unendlich viele andere Beschäftigungsmöglichkeiten.

Gib deinem Hund für diesen Trick zunächst das Signal „Down" (siehe S. 56). Nimm dann ein Futterstück und führe es seitlich über die Schulter deines Hundes. Dieser muss nun mit dem Kopf seitlich nach hinten gehen, um das Futterstück zu verfolgen. Belohne bereits diesen ersten Ansatz. Führe das Futter jetzt immer weiter nach hinten Richtung Rücken deines Hundes und belohne Schritt für Schritt, wenn dein Hund sich immer weiter auf die Seite dreht und nach hinten schaut. Irgendwann kommt der Punkt, an dem dein Hund herumrollen muss, um das Futter weiter zu verfolgen. Du kannst ihn dabei auch mit deiner Hand unterstützen. Belohne ihn sofort in diesem Augenblick. Nach einigen Wiederholungen kannst du nun noch ein neues Signalwort wie z. B. „Rolle" hinzufügen.

Den Trick „Slalom durch die Beine" beherrscht Desmond.

Er windet sich um die Beine von Sonja.

Ramona fordert Yanni auf, rückwärts zu laufen.

Sie kann dabei schon vor den Hilfsstangen stehen bleiben.

Slalom durch die Beine

Dein Hund befindet sich zu Beginn des Tricks seitlich neben dir, z. B. an deiner linken Seite. Hebe nun demonstrativ das rechte Bein und setz es einen halben Meter weiter vorn auf. Mit der rechten Hand, in der sich zu Anfang gern noch ein Futterstück befinden darf, lockst du deinen Hund nun durch die entstandene Lücke und um dein Bein herum. Stelle nun das linke Bein nach vorn und locke deinen Hund mit der linken Hand erneut durch die Lücke und um dein Bein herum. Hat dein Hund die Übung verstanden, fügst du ein neues Signal wie z. B. „Slalom" hinzu. Baue Schritt für Schritt zunächst das Futter in der Hand und später das Handzeichen ab. Das Ausstellen des Beins ist ein ausreichendes Sichtzeichen für deinen Hund. Dieser Trick ist für sehr große Hunde nur schwer umzusetzen, da diese sich ständig bücken müssten, um unter dem Bein ihres Menschen herzulaufen.

Rückwärtsgehen

Hunde können nicht nur vorwärts laufen, sie beherrschen auch den Rückwärtsgang. Normalerweise wird dieser selten gezeigt; solange Platz ist, dreht sich der Hund lieber um und geht vorwärts aus einer engen Gasse heraus. Ist jedoch z. B. der Ball zwischen Sofa und Wand gefallen und die Lücke so eng, dass ein Umdrehen unmöglich ist, geht ein Hund auch rückwärts.

Das Rückwärtslaufen trainierst du daher auch am besten in einer Gasse. Wenn du dich einfach nur vor deinen Hund stellst, ein Futterstück in der Hand hältst und dann einen Schritt auf deinen Hund zugehst, in der Hoffnung, dass er dir rückwärts ausweichen wird, hast du zwar meist auch mit dem ersten Schritt Erfolg. Dann aber werden sich die meisten Hunde schräg eindrehen. Damit dein Hund also lernt, auch mehrere Schritte rückwärts zu laufen, baue zunächst einmal eine Hilfsgasse. Diese kannst du z. B. einfach aus zwei seitlich mit der Sitzfläche sich gegenüberliegenden Bierbänken bauen. Die Bänke sollten dabei so weit auseinanderliegen, dass dein Hund gerade noch zwischen den Bänken hindurchlaufen kann. Führe deinen Hund nun in die Gasse und stelle dich ihm gegenüber auf. Nimm ein Futterstück in die Hand und gehe vorsichtig einen Schritt auf deinen Hund zu. Bitte bedränge ihn dabei nicht, denn er soll ja keinen Stress in dieser Situation empfinden. In dem Augenblick, in dem er eine Pfote nach hinten setzt, erhält er das Futter zur Belohnung. Schritt für Schritt kannst du nun immer mehr Rückwärtsschritte verlangen und ein neues Signalwort wie z. B. „Zurück" hinzufügen. Baue dann die Bänke ab, lege als Hilfsmittel z. B. nur noch Besenstiele aus, bis dein Hund auch ganz ohne Hilfsmittel rückwärts läuft. Du kannst beim Signal „Zurück" auch neben deinem Hund stehen und gemeinsam mit ihm ein paar Schritte rückwärts laufen.

Jamie hat bereits gelernt, dass er mit seinen Vorderpfoten auf dem Blumenuntersetzer bleiben soll.

Damit Jamie lernt, sich zu drehen, beginnt Andrea nun, um den Blumenuntersetzer herumzulaufen.

Seitlich einparken – Elefantentanz

Beim Elefantentanz lernt dein Hund, sich im Kreis um ein Podest herum zu drehen. Diesen Trick kannst du später auch nutzen, damit dein Hund sich zu dir herum in die Position für das „Bei Fuß laufen" eindreht, wenn du ihn z. B. gerade zu dir gerufen hast. Als Podest eignet sich z. B. ein Blumenuntersetzer aus Keramik. Dieser sollte natürlich auf einem rutschfesten und weichen Untergrund liegen wie beispielsweise auf Teppich oder Rasen. Im ersten Schritt soll dein Hund lernen, mit beiden Pfoten auf den Untersetzer zu treten. Stelle dich dazu gegenüber von deinem Hund auf, der Untersetzer befindet sich zwischen euch. Locke nun deinen Hund mit einem Futterstück auf den Untersetzer und belohne ihn dafür. Hat er verstanden, dass er sich mit beiden Vorderbeinen auf den Untersetzer stellen soll, beginne dich zu drehen. Halte ihm das Futterstück dabei wieder direkt vor die Nase. Dein Hund wird sich entsprechend deiner Drehung mit dir zusammen drehen, um mit der Nase am Futterstück bleiben zu können. Belohne anfangs jeden Schritt, den dein Hund sich eindreht. Im weiteren Training muss dein Hund sich dann immer länger um das Podest herum drehen, bis er eine ganze Runde schafft. Damit dein Hund lernt, sich einzudrehen, obwohl du dich nicht mitdrehst, beginnst du die Drehung zunächst wie gewohnt mit ihm gemeinsam. Bleib dann aber nach einer halben Runde stehen und

Nun stellt Andrea sich so, dass sich der Blumenuntersetzer, auf dem Jamie steht, seitlich neben ihr befindet.

Sie hält dabei einen Futterbrocken in der Hand, um Jamie zu motivieren, die Drehung mitzumachen.

Anfangs bekommt er das Futter bereits für eine Vierteldrehung, später dann erst für eine ganze Drehung.

führe die Drehung nur mit der Hand weiter fort. Dein Hund muss sich nun noch eine halbe Runde ohne dich weiterdrehen, bis er neben dir steht. Hat dein Hund diese Variante verstanden, kannst du direkt aus der gegenüberliegenden Position starten, ohne dass du dich mitdrehst. Füge nun ein neues Signalwort hinzu wie z. B. „Ran“. Im weiteren Training kannst du dann die Hilfe durch den Untersetzer und später auch die Hilfe durch das Futter bzw. deine Hand abbauen.

Andrea bleibt jetzt stehen und macht nur noch eine drehende Handbewegung, der Jamie wie zuvor folgt.

Jamie macht eine 180-Grad-Drehung und beendet die Übung in der Position „Bei Fuß“ neben Andrea.

Service

Nützliche Adressen

Martin Rütter DOGS
Die Hundeschulen für Menschen
www.martinruetter.com/hundeschulen

Hundeverbände

Verband für das Deutsche Hundewesen (VDH)
Westfalendamm 174
44141 Dortmund
Telefon: +49 (0) 231 565 00-0
E-Mail: info@vdh.de
Internet: www.vdh.de

Österreichischer Kynologenverband (ÖKV)
Siegried Markus Straße 7
2362 Biedermannsdorf
Telefon: +43 (0) 2236 710 667
E-Mail: office@oekv.at
Internet: www.oekv.at

Schweizerische Kynologische Gesellschaft (SKG)
Sagmattstraße 2
4710 Balsthal
Telefon: +41 (0) 31 306 62 62
E-Mail: info@skg.ch
Internet: www.skg.ch

Martin Rütter im Kosmos-Verlag

Hundetraining – Aufbau einer guten Beziehung und alle wichtigen Signale Schritt für Schritt erklärt.

Welpentraining – Auswahl, Tipps und Übungen für die ersten Monate mit dem Welpen/Junghund.

DOGS Hundeführerschein – Vorbereitung auf die theoretische und praktische Prüfung in den DOGS Hundeschulen.

Sprachkurs Hund – Körpersprache, Mimik und Lautsprache von Hunden verstehen lernen.

Problem gelöst – Ob Ziehen an der Leine oder Anspringen, hier findet man Wege aus dem Dilemma.

Hund und Kind – Der Beratungscoach für Familien, damit das Zusammenleben problemlos klappt.

Hundesenioren – Hier findet man viele Tipps, das Leben alter Hunde mit Freude zu gestalten.

Angst bei Hunden – Hier erfährt man, wie man mit den Ängsten seines Hundes umgehen kann und welche Hilfestellungen es gibt.

Haltung mehrerer Hunde – Richtige Auswahl und Regeln im Zusammenleben.

Jagdverhalten bei Hunden – Aufbau eines zuverlässigen Rückrufs und alternative Beschäftigung.

Bei der Ansprache im Text sind alle drei Geschlechter gemeint. Wir nutzen jedoch die männliche Form. Dadurch wird das Buch leichter lesbar. Dafür bitten wir um Verständnis.

Die Autoren

Martin Rütter gründete 1995 sein „Zentrum für Menschen mit Hund", in dem er nach neuesten wissenschaftlichen Kenntnissen aus der Verhaltensforschung seine Trainingsphilosophie DOGS aufbaute und diese bis heute weiterentwickelt. Mittlerweile gibt es in vielen Ländern Europas Hundeschulen, die nach DOGS arbeiten und in denen vor allem der Mensch im Vordergrund steht und mit seinen Problemen ernst genommen wird.
Doch auch das Entertainment hat es Martin Rütter angetan, und es ist ein Erlebnis, ihn live auf seinen Tourneen zu erleben. Zudem setzt er sich in den Medien für eine bessere Mensch-Hund-Beziehung ein. In seinen TV-Sendungen „Der Hundeprofi" und „Der VIP-Hundeprofi" hilft Deutschlands beliebtester Hundeexperte auch in schwierigen Fällen. Auf RTL berät er in „Die Welpen kommen" Neuhundehalter von Anfang an.

Andrea Buisman lebt in Zülpich bei Köln mit ihren Labrador Retrievern, mit denen sie aktiv die verschiedensten Beschäftigungsformen für Mensch und Hund ausübt. Hierzu zählen z. B. Agility, Apportiertraining, Jagdliches Training und Zughundesport. Sie ist seit 2003 im Team von Martin Rütter. Abgesehen von ihren Spezialgebieten „Mehrhundehaltung" und „Jagdverhalten" ist sie gefragte Referentin für Trainerfortbildungen zu Themen wie „Welpen" oder „Aggression bei Hunden". Sie bildet angehende DOGS Coachs aus und ist für die fachliche Betreuung des Netzwerkes der DOGS Hundeschulen zuständig. Auch das neue Angebot, den DOGS Hundeführerschein, hat sie mit entwickelt und leitet hier die Fortbildungen in den DOGS Hundeschulen.
Andrea Buisman züchtet zudem Labrador Retriever im Deutschen Retriever Club unter dem Zwingernamen „Speed'n Style".

Register

Bildnachweis

219 Farbfotos wurden von Klaus Grittner für dieses Buch aufgenommen.

Impressum

Umschlaggestaltung von GRAMISCI Editorialdesign, München unter Verwendung von zwei Farbfotos von Jelena Filipinski-Schult.

Mit 223 Farbfotos.

Alle Angaben in diesem Buch erfolgen nach bestem Wissen und Gewissen. Sorgfalt bei der Umsetzung ist indes dennoch geboten. Der Verlag und die Autoren übernehmen keinerlei Haftung für Personen-, Sach- oder Vermögensschäden, die aus der Anwendung der vorgestellten Materialien, Methoden oder Informationen entstehen könnten.

Gedruckt auf chlorfrei gebleichtem Papier
2. überarbeitete und aktualisierte Auflage.

ISBN 978-3-440-17457-9
Redaktion: Hilke Heinemann
Gestaltungskonzept: GRAMISCI Editorialdesign, München
Gestaltung und Satz: Atelier Krohmer, Dettingen/Erms
Produktion: Nina Renz, Carolin Wacker
Druck und Bindung: FIRMENGRUPPE APPL, aprinta druck, Wemding
Printed in Germany / Imprimé en Allemagne

FSC
www.fsc.org
MIX
Papier | Fördert gute Waldnutzung
FSC® C004592